3ds Max 2012概述

3ds Max 2012 GAISHU

3ds Max 的学习过程是漫长的,循序渐进是学习 3ds Max 的最好方式。3ds Max 中的单元很多,如创建对象、模型、材质贴图、层级、动画、渲染及外部插件、后期合成等。

一、创建对象

狭义上,我们将在操作视图中创建模型称为创建对象,这只是针对建模而言的。在材质方面,贴图就是对象。在学习的过程中,我们可以将菜单栏、下拉框、材质编辑器、灯光、镜头等统称为特定对象。

二、模型

模型是 3ds Max 中最为基础的部分,也是最重要的部分。在 3ds Max 中建模的方法有几种,进行简单建模可直接通过 Create 命令面板中的基础造型命令直接创建,也可以使用多边形建模、面片建模、NURBS 建模,还可以使用外部插件来进行建模。运用 3ds Max 的多边形建模方法,可直接对物体上的点、线、面进行修改塑形,使简单的模型变成复杂的模型。

三、材质贴图

材质能够反映出物体的质感,为了体现物体的质地,需要给物体赋予不同的特性,这个过程就是给物体赋予材质。它可以让物体对象有逼真的质感体现,表现出如金属、玻璃、木头、布料等的特征来。

材质的制作是在材质编辑器中完成的,但是必须指定特定场景中的物体才能起作用。若想制作的模型能够体现出现实物体表面具有的丰富纹理和图像效果,如人体的皮肤纹理、植物茎叶纹理,就需要赋予对象丰富多彩的贴图。

制作有质感、纹理的完整模型只是开端,灯光镜头的运用对场景气氛的渲染、动画的设置也起着重要的作用。

四、层级

在 3ds Max 中每个对象都要通过层级结构来组织。遵循从高到低、从大到小的影响关系,层级中较高一级是有着较大影响的普通信息,而较低一级代表信息的细节且影响力小,层级结构的顶层称为根,这种层级关系叫作父子层级。

五、动画

动画是指将静态的图片连接起来在人的视觉中形成连贯的图像。在 3ds Max 中制作动画要依靠关键帧,关键帧中包含对象的重要位置、动作、表情等信息,计算机会生成每个动作中间过渡的状态,让物体的状态通过关键帧中的旋转、位移、缩放等功能体现出来。

六、3ds Max 2012 界面布局

图 1-1 所示为 3ds Max 2012 界面布局图。

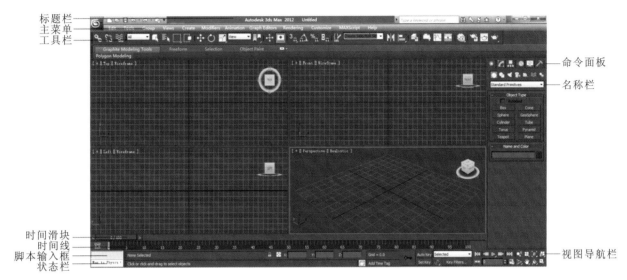

图 1-1

标题栏:显示当前文件名称。

主菜单:3ds Max 2012 菜单命令栏。

工具栏:常用工具按钮,可以自定义一些常用的工具按钮。

时间滑块:显示动画的帧数。

时间线:显示关键帧的状态,可对关键帧进行编辑。

脚本输入框:以脚本的方式输入命令的区域。

状态栏:脚本回应区域,可显示下一步提示和当前脚本操作提示。

命令面板:切换各个单元模块的区域。

名称栏:显示当前物体的名称,可修改物体名称。

视图导航栏:对视图进行显示操作的按钮区域。

3ds Max 独特的四视图操作模式是该软件的明显特征,四个视图分别为 Top(顶视图)、Front(前视图)、Left(左视图)、Perspective(透视图)。使用者可以在不同的视图中对三维模型进行编辑。

主菜单上的文字功能键与许多应用软件(如 Photoshop 等)的名称、布局相似,因此容易操作。

工具栏的图标也很直观,看见图标就能明白该图标的功能,工具栏中功能区域划分清晰,如图层、选择范围、材质等常用功能键分布合理,操作者很轻松地就能找到对应的功能键,让建模成为一种享受。

时间线区域在软件界面的下方,属制作动画常用区域,合理的设置布局让我们体验到制作动画也不是件难事。

命令面板中集成了建模、特效、灯光等重要的元素,3ds Max 的精髓就在于此,它犹如一个百宝箱,几乎能够实现你所有的想法。

视图导航栏中的功能键能够变换出你喜欢的视图操作显示,让操作者感受到软件人性化带来的喜悦。

第二章

用基本几何体组合搭建椅子模型

YONG JIBEN JIHETI ZUHE DAJIAN YIZI MOXING

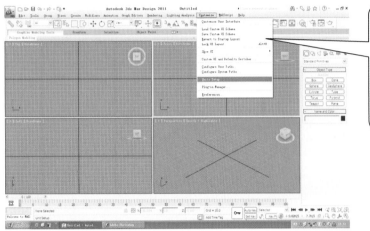

图 2-1

第一步：设置单位。在主菜单中选择"Customize"→"Units Setup"命令，打开"Units Setup"对话框，设置国际通用单位，如图 2-1 所示。

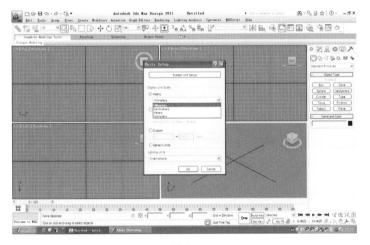

图 2-2

第二步：如图 2-2 所示，在"Units Setup"对话框中选择"Metric"项下的"Millimeters"（毫米），最后单击"OK"按钮，单位设置完成。

下面我们进入建模流程。

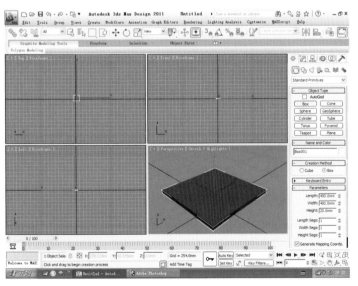

图 2-3

第三步：如图 2-3 所示，给椅子确定一个主体椅子的坐面。

在"Geometry"（创建面板）中选择"Box"，创建一个 Length（长）为 400.0 mm、Width（宽）为 400.0 mm、Height（高）为 20.0 mm 的立方体为椅子的坐面。

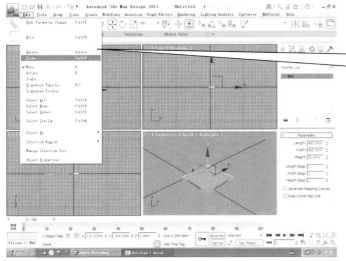

第四步：选中建立好的椅子坐面，选择"Edit"（编辑）→"Clone"（复制）命令，用复制的 Box 做椅子腿，如图 2-4 所示。

图 2-4

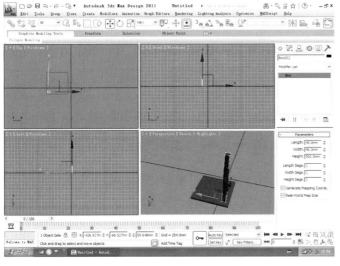

第五步：选择复制的 Box，进入物体的修改面板，将其长、宽、高分别改为 40.0 mm、40.0 mm、500.0 mm，如图 2-5 所示。

图 2-5

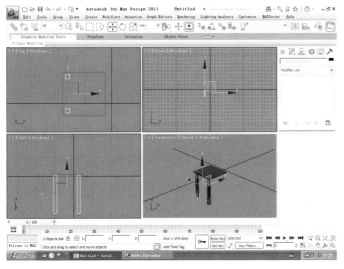

第六步：选择做好的椅子腿，选择"Edit"（编辑）→"Clone"（复制）命令，复制出另外的一条椅子腿，如图 2-6 所示。

图 2-6

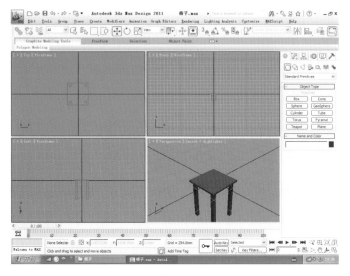

图 2-7

第七步:按住 Ctrl 键进行选择,选中已做好的两条椅子腿,选择"Edit"(编辑)→"Clone"(复制)命令(也可以直接按住 Shift 键,运用移动工具进行拖曳)复制出另外两条椅子腿,如图 2-7 所示。

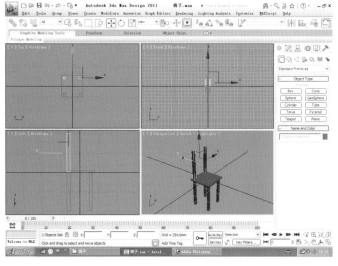

图 2-8

第八步:运用以上同样的方法,选择两条椅子腿并复制出制作靠背的 Box,如图 2-8 所示。

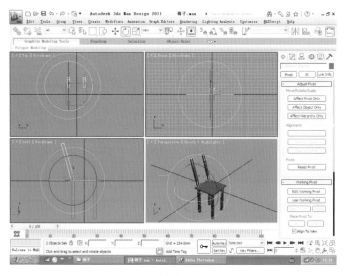

图 2-9

第九步:运用旋转工具对靠背进行适当的旋转操作,如图 2-9 所示。

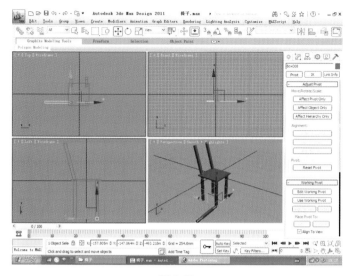

图 2-10

第十步:新建立一个 Box,制作用来连接椅子腿的横梁,如图 2-10 所示。

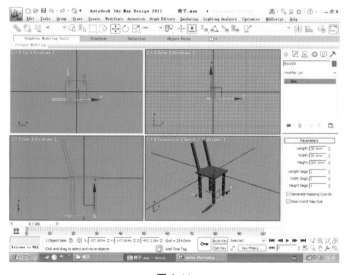

图 2-11

第十一步:进入新建立的 Box 的修改面板,将其长、宽、高分别改为 30.0 mm、30.0 mm、300.0 mm,如图 2-11 所示。

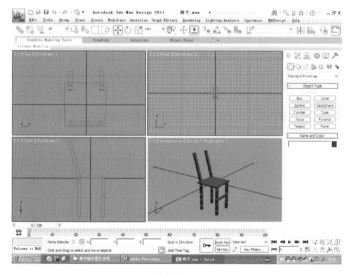

图 2-12

第十二步:将制作好的横梁移动到图 2-12 所示的位置。

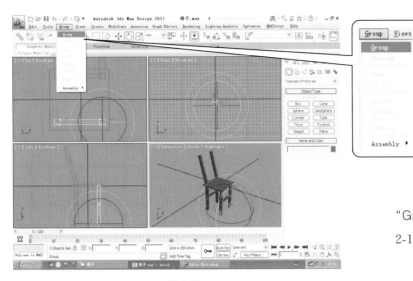

图 2-13

第十三步：选择"Group"（组合）→ "Group"命令，将椅子腿和横梁组合，如图 2-13 所示。

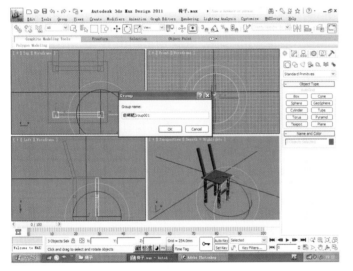

图 2-14

第十四步：将组合好的物体命名为"前椅腿 Group001"，如图 2-14 所示。

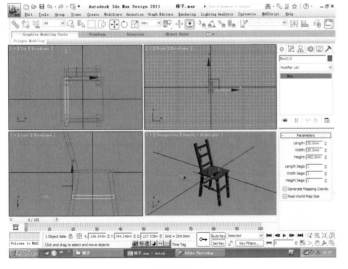

图 2-15

第十五步：用同样的方法将后面的两条椅子腿进行组合，并命名为"后椅腿 Group002"，然后运用旋转工具将两个组合适当地向外旋转，让椅子腿达到略向外倾斜的效果，然后做出椅子侧面的横梁，如图 2-15所示。

本 章 小 结

  在制作椅子这一过程中重点是如何运用基本几何体进行造型。熟悉"Geometry"中几何体形状、特性,对使用该软件的操作者来说很重要,操作者可根据建造模型的形态选择合适的几何体。难点是处理椅子各个零部件的问题时一定要按坐标来对位,操作者要熟练地掌握主工具栏中的位移、旋转、缩放工具(快捷键依次为键盘上的 W、E、R 键)的使用。

第三章

用Loft(放样)制作筷子

YONG Loft (FANGYANG) ZHIZUO KUAIZI

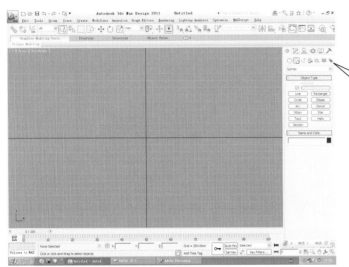

图 3-1

第一步:打开 Front(前视图)视窗,选择  二维图形面板,如图 3-1 所示。

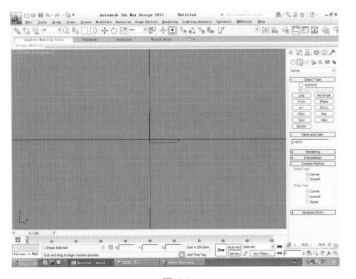

图 3-2

第二步:选择 Line(直线)工具,在 Front 视窗中绘制一条竖直线,如图 3-2 所示。

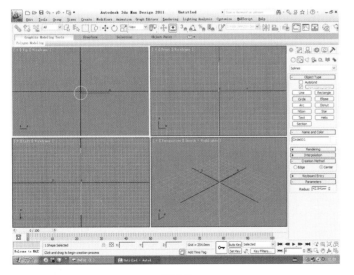

图 3-3

第三步:选择 Circle(圆形)工具,在 Top(顶视图)视窗中画出筷子的第一个横截面,如图 3-3 所示。

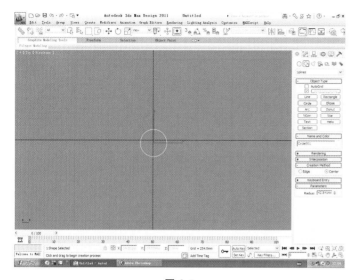

图 3-4

第四步:如图 3-4 所示,调整圆形的位置。

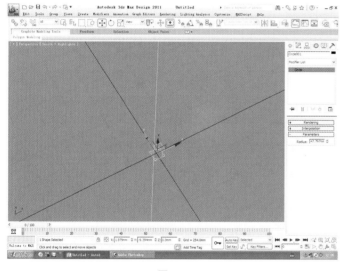

图 3-5

第五步:如图 3-5 所示,进入 Circle(圆形)的修改面板,适当地修改圆形的 Radius(半径)参数。

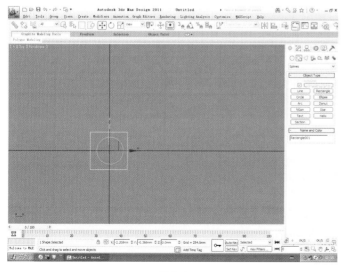

图 3-6

第六步:如图 3-6 所示,选择 Rectangle(矩形)工具,绘制出筷子的第二个截面图形。

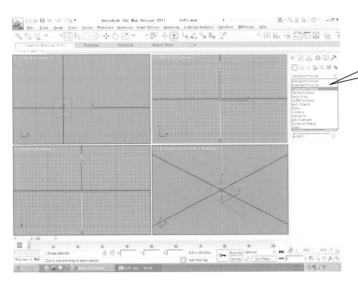

第七步：在几何体面板下拉框中选择 Compound Objects（合成物体），如图 3-7 所示。

图 3-7

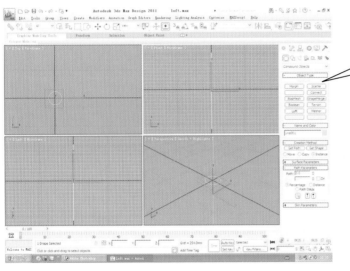

第八步：选择直线（Line），在 Compound Objects（合成物体）面板中选择 Loft（放样），如图 3-8 所示。

图 3-8

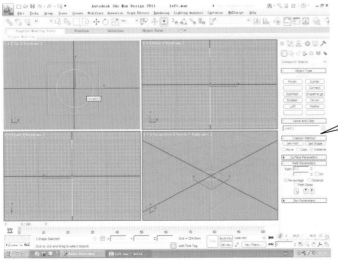

第九步：在 Compound Objects（合成物体）面板中选择 Creation Method 面板中的 Get Shape（拾取截面），如图 3-9 所示。

图 3-9

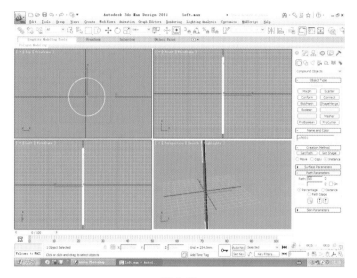

图 3-10

第十步:通过拾取圆形得到圆柱形态的放样模型,选择 Compound Objects(合成物体)面板下的 Path Parameters(路径参数),将其中的 Path 值改为 70,用同样的拾取方法选择 Creation Method 面板中的 Get Shape(拾取截面)拾取矩形,如图 3-10 所示。

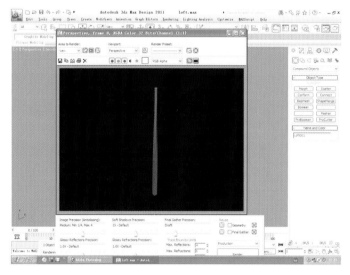

图 3-11

第十一步:筷子的雏形如图 3-11 所示。

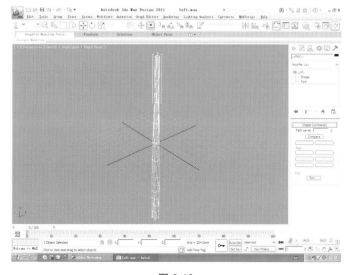

图 3-12

第十二步:仔细观察筷子的细节,在圆形与矩形的衔接处出现扭曲现象,如图3-12 所示。

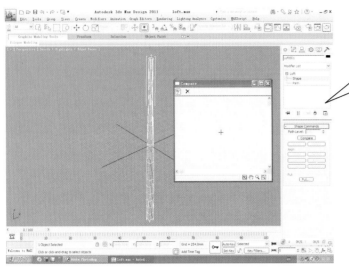

图 3-13

第十三步:进入放样物体的修改

面板,选择 Compare(比较),出现一个编辑框,如图 3-13 所示。

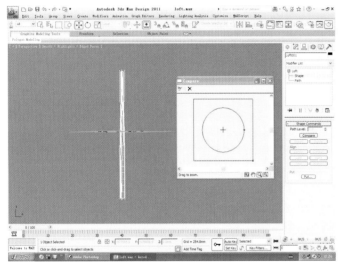

图 3-14

第十四步:选择编辑框左上角的

拾取工具,在透视图中找到模型上圆形和矩形线框(不是开头运用二维图形制作的圆形与矩形)并拾取它们,如图 3-14 所示。

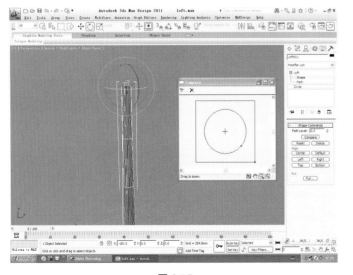

图 3-15

第十五步:选择工具面板中的旋转工具

,选择放样模型中的圆形或矩形截面线(其中一个),对其进行旋转的同时调节 Compare(比较)编辑框中的两个圆形节点,使两个圆形节点在一条直线上,如图 3-15所示。

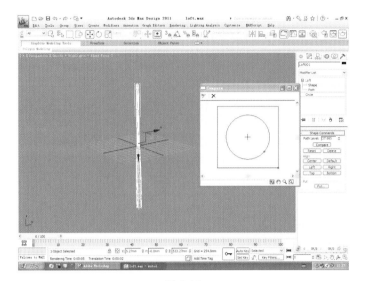

图 3-16

第十六步:运用工具面板中的移动工具选中放样模型中的圆形或矩形截面线,对圆形与矩形在放样模型中的比例进行适当调节,如图 3-16 所示。

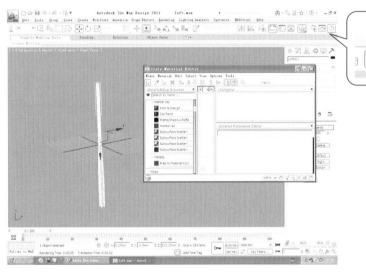

图 3-17

第十七步:在材质库中任选一种材质赋给模型,观察其效果,如图 3-17 所示。

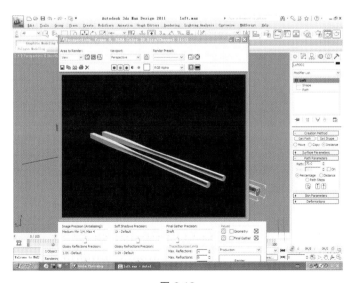

图 3-18

第十八步:单击渲染工具按钮进行渲染,一副筷子模型完成,如图 3-18 所示。

本 章 小 结

在制作筷子这一过程中重点是如何运用 Loft(放样)进行造型,制作放样路径和放样截面之前要选好画图的视图工作框(Top 顶视图、Front 前视图、Left 左视图、Perspective 透视图)。在放样处理时要注意选择放样路径、放样截面的顺序,在一般情况下,运用放样截面去拾取路径是不会出错的,初学者一定要选择这个顺序。难点是在处理筷子扭曲的问题时一定要按顺序来选择放样物体中的截面,在 Compare(比较)编辑框中的图形,运用主工具栏中的位移、旋转、缩放工具对其编辑时,一定要在四个工作视图框中进行,不能在 Compare(比较)编辑框中进行。

第四章

用Lathe(车削)制作酒杯
YONG Lathe (CHEXIAO) ZHIZUO JIUBEI

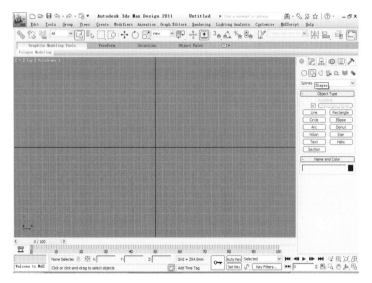

图 4-1

第一步：打开 3ds Max，在工具栏中选

择 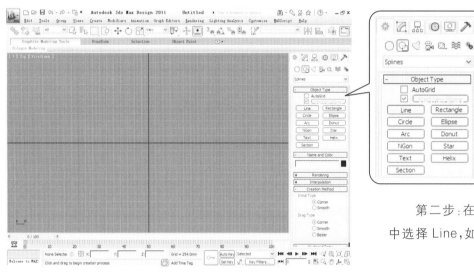 二维图形面板，如图 4-1 所示。

第二步：在二维图形面板中的文字面板
中选择 Line，如图 4-2 所示。

图 4-2

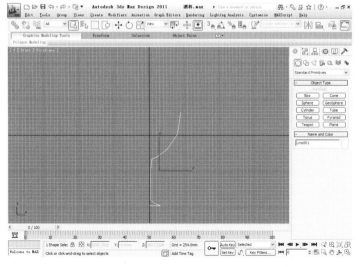

第三步：如图 4-3 所示，在 Front 视窗
中画出酒杯的侧面轮廓。

图 4-3

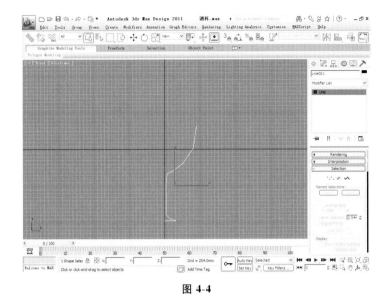

图 4-4

第四步：画完侧面轮廓后，在保持物体选中的情况下选择  修改面板，进入物体修改状态，如图 4-4 所示。

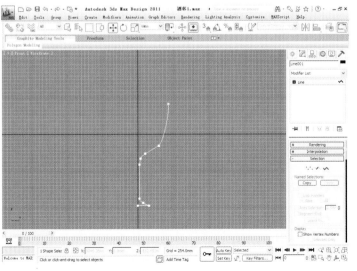

图 4-5

第五步：如图 4-5 所示，激活框中 Line 使之变成黄色，然后进入物体的点层级，在 Selection(选择)栏中选择点层级 ⁘ ，在视图中选择要调节的点，右击，在弹出的菜单中选择"Bezier Corner"(贝塞尔角点)命令，运用点两端的杠杆将轮廓线修改圆滑。

第六步：将侧面轮廓修改成图 4-6 所示样式，样式修改完成后进入物体的线层级 。

图 4-6

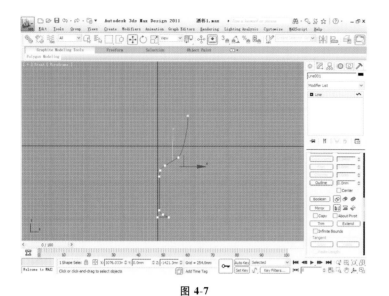

图 4-7

第七步：在 Selection 面板中选择 Outline，给侧面轮廓增加厚度，如图 4-7 所示。

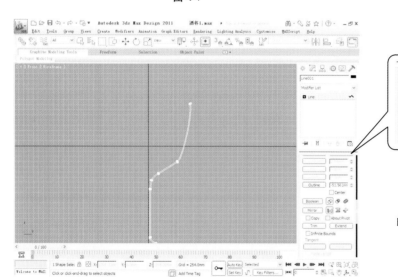

图 4-8

第八步：如图 4-8 所示，增加侧面轮廓的厚度。

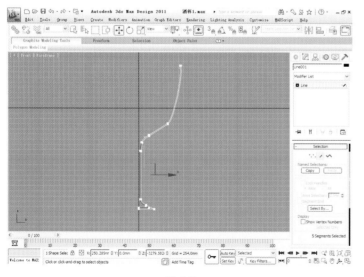

图 4-9

第九步：选择 线段层级，选择要删除的线段，如图 4-9 所示。

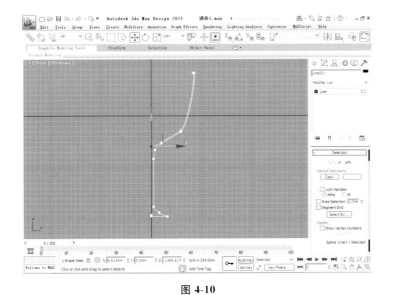

图 4-10

第十步:如图 4-10 所示,将多余的线段删除。

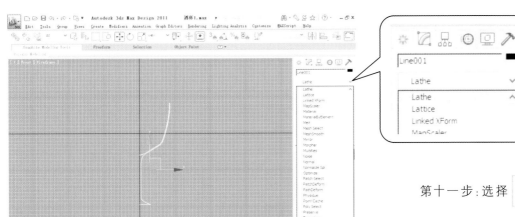

图 4-11

第十一步:选择 修改面板,在修改面板的下拉框中选择 Lathe(车削),如图 4-11 所示。

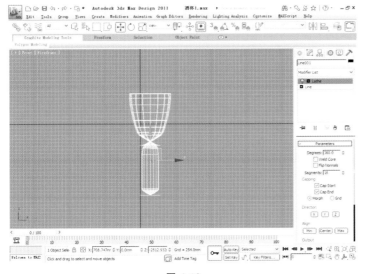

图 4-12

第十二步:经过侧面轮廓旋转后,效果如图 4-12 所示。

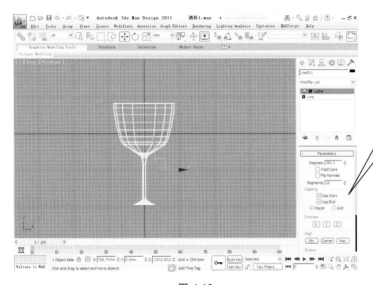

图 4-13

第十三步：如图 4-13 所示，在 Lathe 中的 Parameters 面板里选择 Min（最内侧为轴心旋转）。

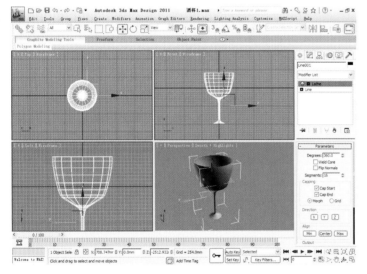

图 4-14

第十四步：如图 4-14 所示，酒杯模型就制作好了。

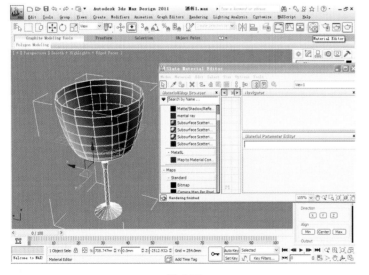

图 4-15

第十五步：选择 材质面板，给其添加一种材质 Subsurface Scatteri...，如图 4-15 所示。

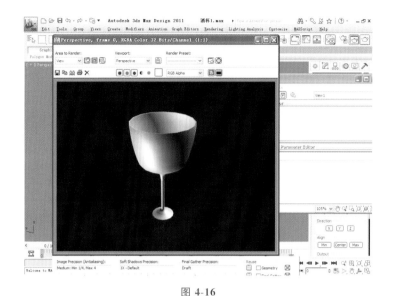

图 4-16 所示为最终的酒杯模型。

图 4-16

本 章 小 结

　　本章的重点在于二维图形转变成三维模型的命令控制，Lathe（车削）是二维建模中很常用的建模命令，尤其是运用此建模方法制作小工业产品（如茶具、玻璃器皿等）效率很高。难点是进行二维造型的时候要掌握好Bezier 曲线和 Corner（直线）的运用，如果操作者之前学习过 CorelDRAW 等平面软件，操作起来很顺手，如果之前没有接触过这样的平面软件，需要多加练习。

第五章

咖啡杯建模

KAFEIBEI JIANMO

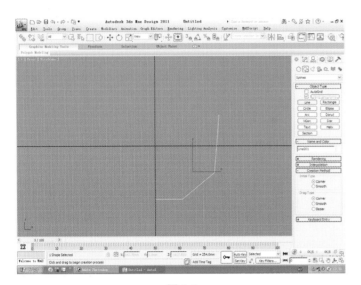

图 5-1

第一步:在 二维图形面板中选择 Line(直线),绘制杯体的侧面轮廓,如图 5-1 所示。

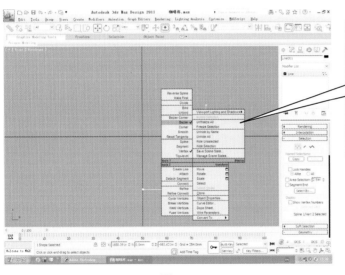

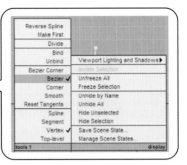

图 5-2

第二步:进入物体 修改面板,选择 点层级,运用 Bezier 模式对物体形状进行调节,如图 5-2 所示。

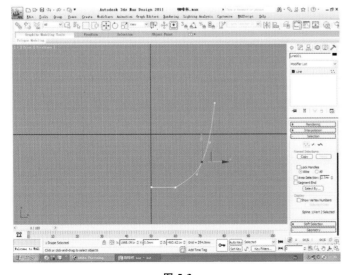

图 5-3

第三步:调节形状如图 5-3 所示。

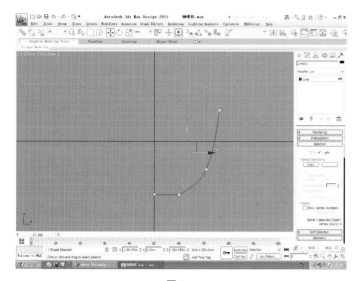

图 5-4

第四步：进入物体的 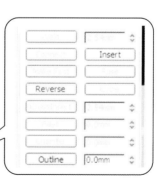 线层级，选择整个物体轮廓，如图 5-4 所示。

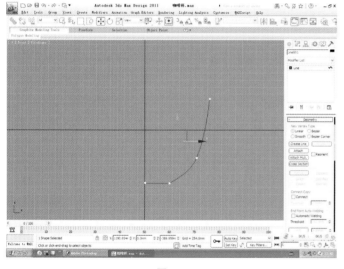

图 5-5

第五步：在物体 线层级中的 Geometry 下拉框中找到 Outline（轮廓线），如图 5-5 所示。

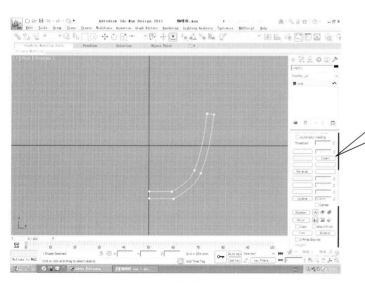

图 5-6

第六步：运用 Outline（轮廓线）增加侧面轮廓的厚度，如图 5-6 所示。

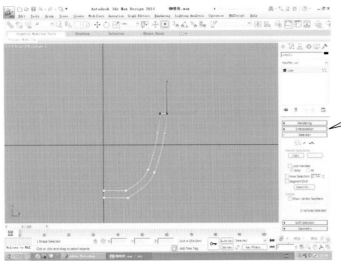
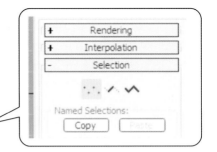

图 5-7

第七步:选择物体的 点层级,对其进行调节,如图 5-7 所示。

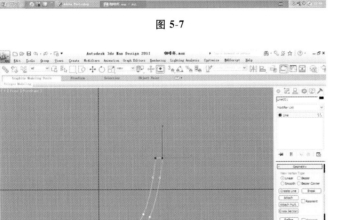

图 5-8

第八步:在物体 点层级中的 Geometry 下拉框找到 Fillet(圆角),如图 5-8 所示。

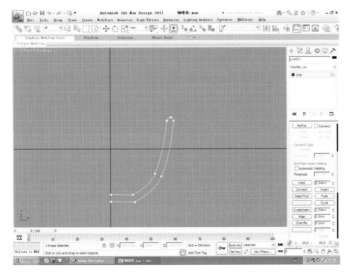

图 5-9

第九步:运用 Fillet(圆角)对选择的两点进行圆角处理,如图 5-9 所示。

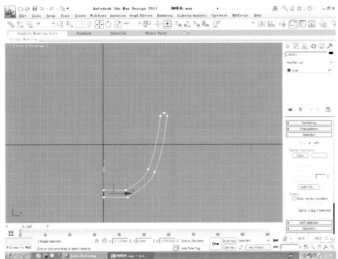

图 5-10

第十步:在物体  修改面板中选择

✏ 线段层级,选择多余的线段,将其删

除,如图 5-10 所示。

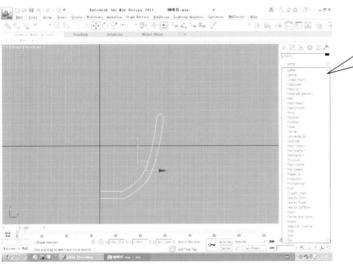

图 5-11

第十一步:删除多余线段后,在修改面

板中的下拉框中选择 Lathe(车削),如图

5-11所示。

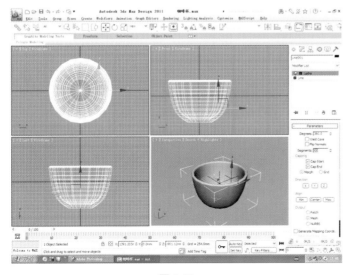

图 5-12

第十二步:在 Lathe(旋转)的

Parameters 面板中 Align(中心轴)下选择

Min,如图 5-12 所示。

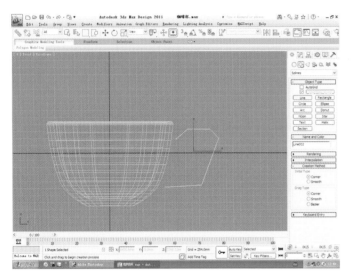

图 5-13

第十三步:用与制作杯体同样的方法,运用 Line 绘制杯子手柄的轮廓线,如图 5-13所示。

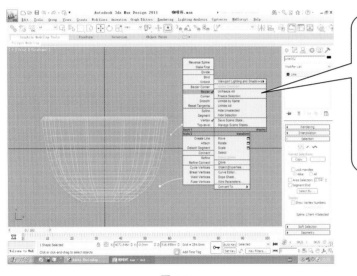

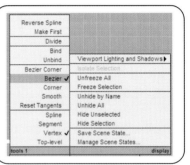

图 5-14

第十四步:运用点层级中的"Bezier"命令将轮廓线调成曲线状态,如图 5-14 所示。

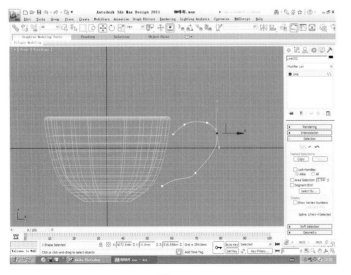

图 5-15

第十五步:将杯把部位放样路径曲线调整如图 5-15 所示。

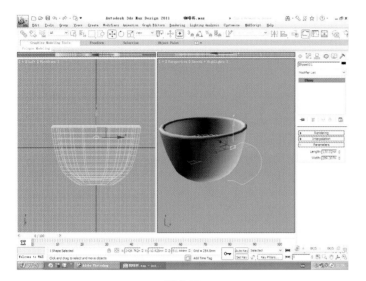

图 5-16

第十六步:在 Left(左视图)视窗中绘制一个 Circle(圆形),用于放样物体的截面,如图 5-16 所示。

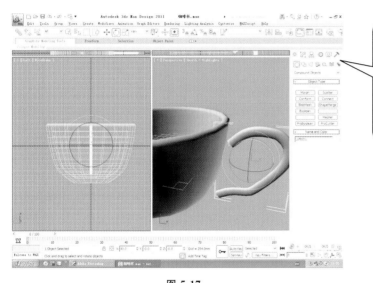

图 5-17

第十七步:选择杯子手柄轮廓线,在几何体下拉框中选择 Compound→Loft→Get Shape,选择圆形截面,如图 5-17 所示。

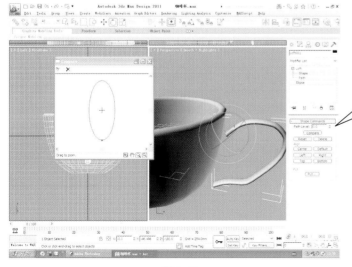

图 5-18

第十八步:在 Loft 层级下选择 Shape 中的 Shape Commands → Compare,在 Compare 编辑框中选择 ⬚ ,并运用 ↻ 旋转工具在透视图上找到物体上的圆形截面(不是之前独立绘制的 Circle)进行旋转,如图 5-18 所示。

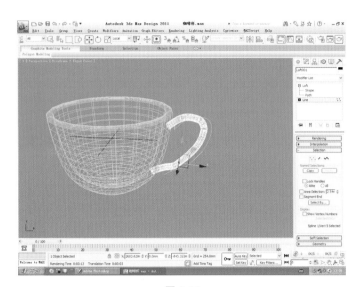

图 5-19

第十九步：选择 修改面板下的 Line 的 点层级，适当调节杯子手柄，如图 5-19 所示。

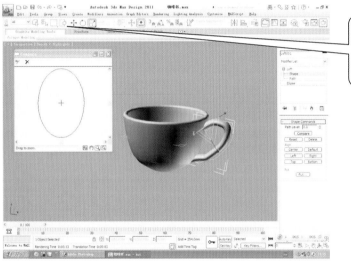

图 5-20

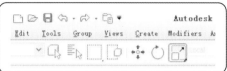

第二十步：如图 5-20 所示，依次选择 Loft→Shape→Compare，单击 拾取，选择 缩放工具，找到物体中的圆形截面对其进行缩放，适当对截面形状进行造型。

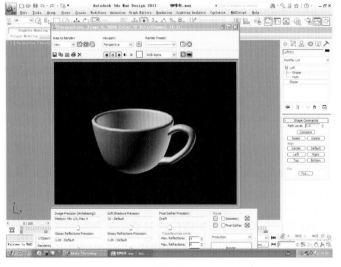

图 5-21

第二十一步：渲染最终模型，效果如图 5-21 所示。

本 章 小 结

　　本章的重点是掌握 Loft (放样)、Lathe (车削) 特性,在合理的视图上正确地使用放样、车削建模;能够掌握以上两种二维建模方法,我们就可以做出一些造型较复杂的三维模型来。难点是建模时要把握整体的进度,合理地运用软件界面中的三个操作视图才是建出正确模型的关键。

第六章

茶具建模

CHAJU JIANMO

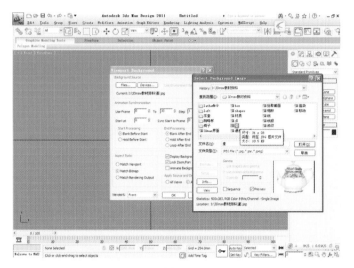

图 6-1

第一步：在弹出的"Viewport Background"对话框中选择 Files，选择需要的背景图片，按照图片中 Viewport Background 所给的设置参数进行设置，将参照图片进行固定，如图 6-1 所示。

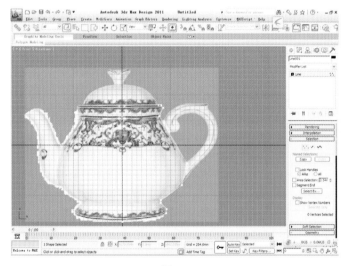

图 6-2

第二步：导入需要的背景图片，如图 6-2 所示。

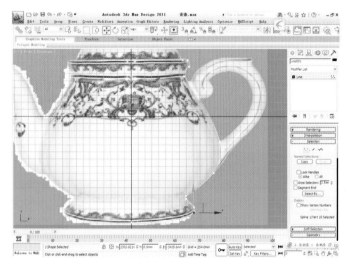

图 6-3

第三步：运用 二维图形中的 Line (线)将壶体部分轮廓线画出来并进行调节，如图 6-3 所示。

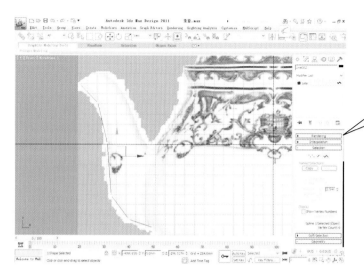

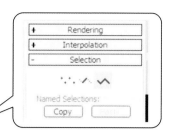

图 6-4

第四步:运用以上同样的方法绘制出茶壶嘴的轮廓线,如图 6-4 所示。

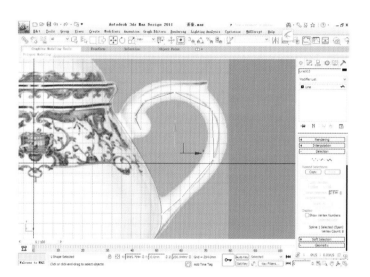

图 6-5

第五步:绘制出茶壶把的轮廓线,如图 6-5所示。

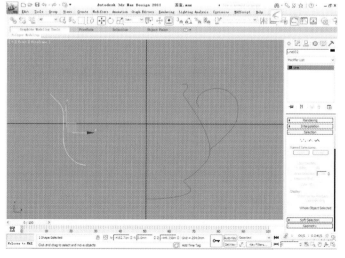

图 6-6

第六步:图 6-6 所示为已经画好的三条轮廓线。

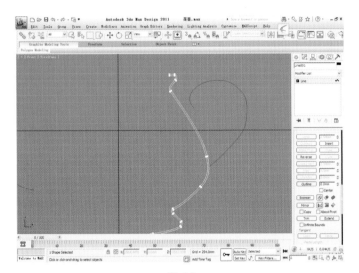

图 6-7

第七步:如图 6-7 所示,进入壶体的  修改面板,选择 线层级,增加轮廓厚度。

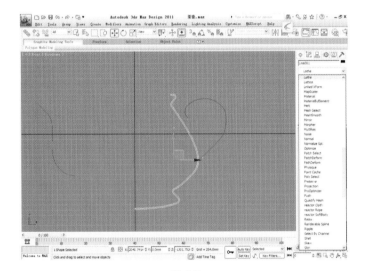

图 6-8

第八步:对其执行车削命令,如图 6-8 所示。

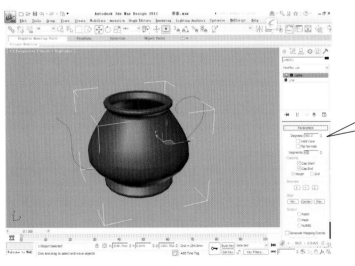

图 6-9

第九步:运用车削命令做好茶壶体,如图 6-9 所示。在 修改面板中调节一下 Segments(分段数)的参数使其变得更圆滑。

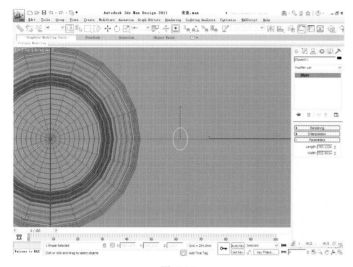

图 6-10

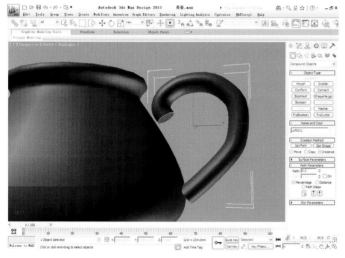

图 6-11

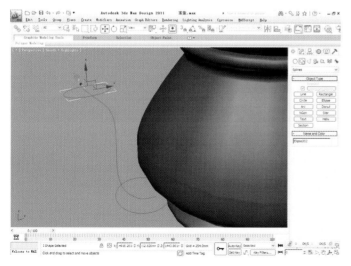

图 6-12

第十步:画一个椭圆形的截面,运用 Loft(放样)命令制作出茶壶把,如图 6-10 所示。

第十一步:图 6-11 所示为放样得到的茶壶把。

第十二步:给茶壶嘴部分绘制两个圆形截面,将上面的圆缩放成椭圆形,将下面的圆放大为较大的圆形,运用多截面放样法将茶壶嘴放样出来,如图 6-12 所示。

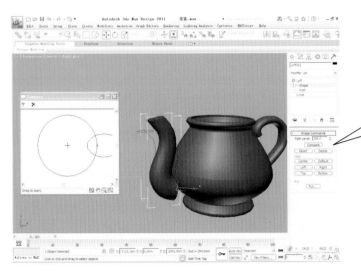

图 6-13

第十三步:放样完成后按照之前导入的参考图片对截面的大小、方向进行调节,如图 6-13 所示。

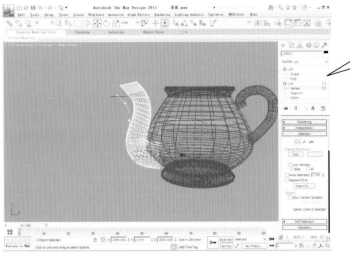

图 6-14

第十四步:如图 6-14 所示,进入线的点层级,通过调节可以改变茶壶嘴的长短。依次选择 Loft→Path→Line→Vertex。

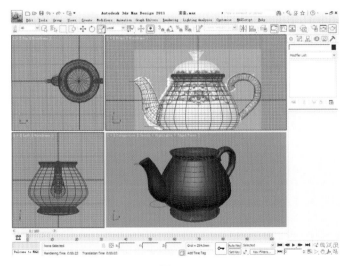

图 6-15

第十五步:图 6-15 所示为茶壶的大体形状。

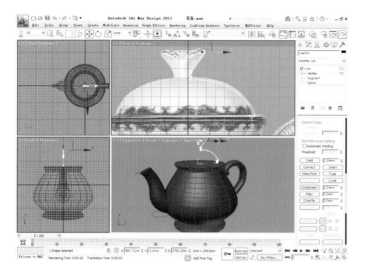

图 6-16

第十六步:运用 Line 线绘制出茶壶盖的轮廓线,如图 6-16 所示。

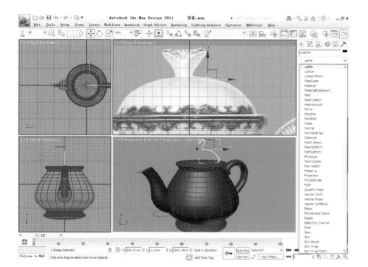

图 6-17

第十七步:绘制好茶壶盖轮廓线后,在 修改面板下拉框中选择 Lathe,如图 6-17 所示。

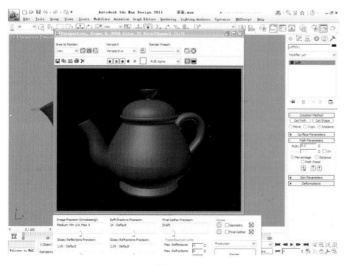

图 6-18

第十八步:图 6-18 所示为制作好的茶壶模型。

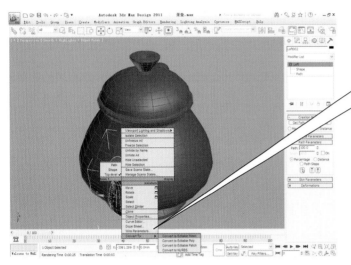
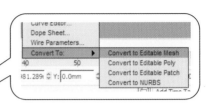

图 6-19

第十九步：将茶壶嘴部分转换成网格结构，选择茶壶嘴，右击，选择"Convert To"→"Convert to Editable Mesh"（转换成网格）命令，如图 6-19 所示。

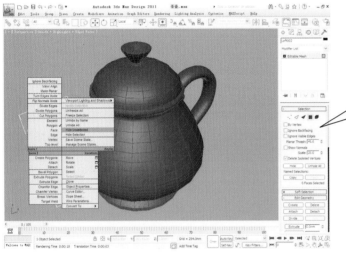
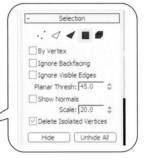

图 6-20

第二十步：选择 Editable Mesh ■ 网格编辑模式下的 ■ 面层级。选择茶壶嘴部分，右击，选择"Hide Unselected"（隐藏未选择部分）命令，如图 6-20 所示。

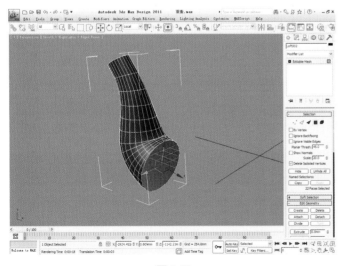

图 6-21

第二十一步：选择茶壶嘴的上、下两个面，并将它们删除，如图 6-21 所示。

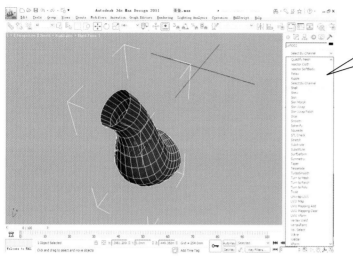

图 6-22

第二十二步:如图 6-22 所示,茶壶嘴变成空心后,选择修改面板下拉框中的 Shell(壳)为单薄的茶壶嘴增加厚度。

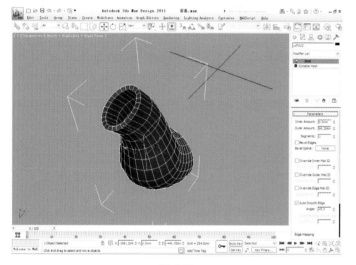

图 6-23

第二十三步:图 6-23 所示为一个有体积感的茶壶嘴。

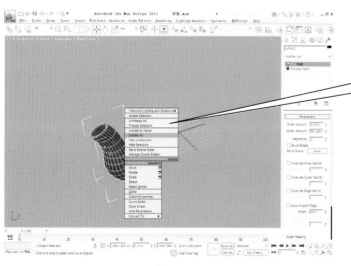

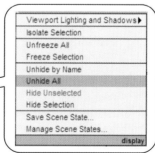

图 6-24

第二十四步:茶壶嘴制作好后,右击,选择"Unhide All"(显示所有物体)命令,如图 6-24 所示。

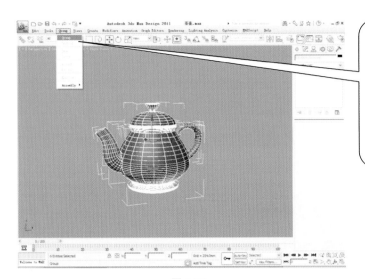

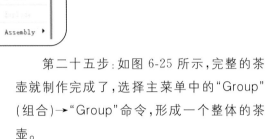

图 6-25

第二十五步:如图 6-25 所示,完整的茶壶就制作完成了,选择主菜单中的"Group"(组合)→"Group"命令,形成一个整体的茶壶。

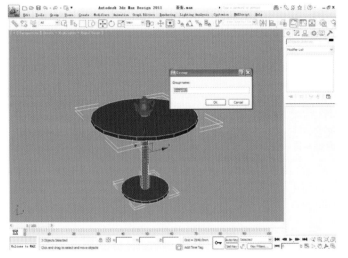

图 6-26

第二十六步:利用基本几何体制作圆形的桌子并进行组合,如图 6-26 所示。

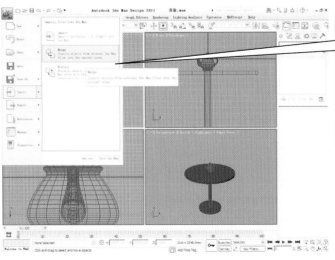

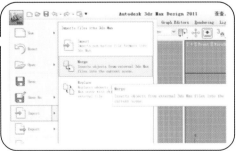

第二十七步:如图 6-27 所示,将茶杯导入到当前场景中来;单击 按钮,选择"Import"(导入)→"Merge"(合并)命令,在弹出的文件框中找到我们之前做好的茶杯。

图 6-27

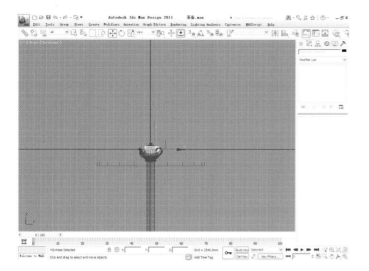

图 6-28

第二十八步：如图 6-28 所示，茶杯出现在桌子上。

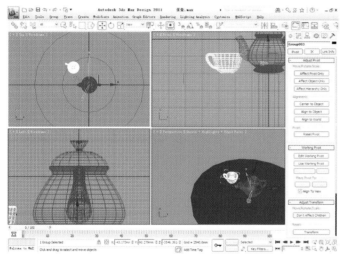

图 6-29

第二十九步：为了复制出更多的茶杯，并且让这些茶杯围绕茶壶摆放，我们要调整当前茶杯的中心点；在层级命令面板中选择 Pivot（轴心点）→Affect Pivot Only，运用工具栏中的 位移图标移动中心轴至茶壶的中心，如图 6-29 所示。

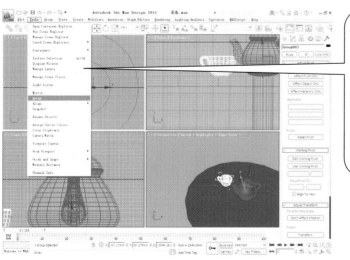

图 6-30

第三十步：在主菜单中选择"Tools"→"Array"（阵列）命令，如图 6-30 所示。

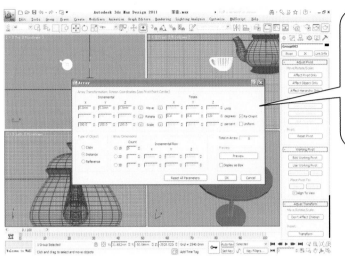

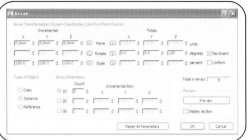

图 6-31

第三十一步:如图 6-31 所示,选择阵列栏中的 Rotate ▷ ,选择旋转并将 Z 轴中的数字修改为 120,将 ⊙ 1D ⌐5⌐ ⬍ Count(数量)值设置为 5。

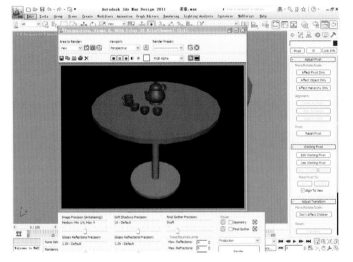

第三十二步:如图 6-32 所示,茶具模型制作完成。

图 6-32

本 章 小 结

重点是如何运用大量的命令进行建模,难点是养成良好的软件操作习惯,制作出精细模型。

第七章

材质球基本参数设置

CAIZHIQIU JIBEN CANSHU SHEZHI

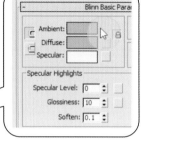

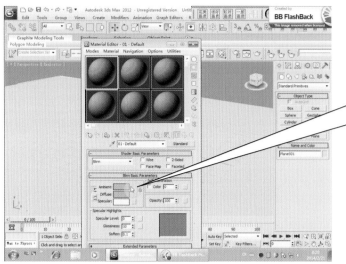

图 7-1

第一步:单击工具面板中的 ,就可以看见框中的六个基本材质球,鼠标所指的 Ambient 是环境色,如图 7-1 所示。

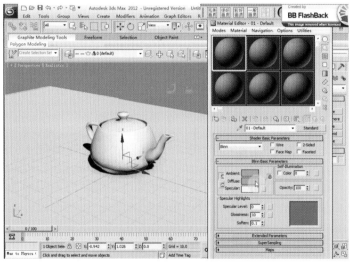

图 7-2

第二步:如图 7-2 所示,鼠标所指的 Diffuse 是漫反射颜色,后面的小锁锁定(一般情况下是不解开小锁的)时,环境色和漫反射颜色就是同一种颜色。

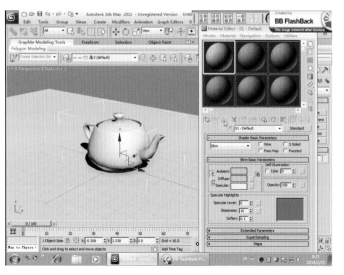

图 7-3

第三步:如图 7-3 所示,将 Diffuse(漫反射颜色)设为粉红色。

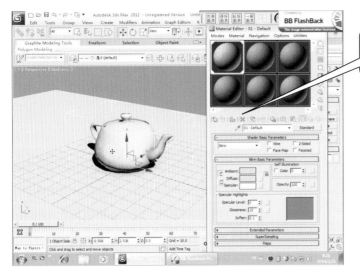

第四步：单击材质框工具面板中的

，赋予材质工具，小球的材质显示成粉红色，如图 7-4 所示。

图 7-4

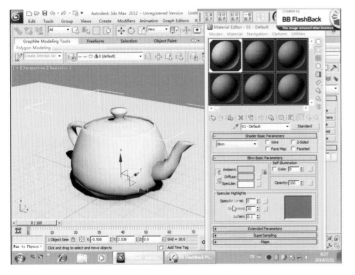

第五步：进入 Specular Highlights（反射高光），如图 7-5 所示。

图 7-5

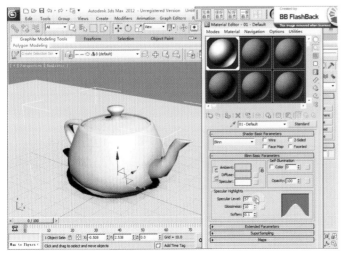

第六步：如图 7-6 所示，设置 Specular Level（高光级别）值，材质球中显示出高光的效果，数值越大，高光强度越大。

图 7-6

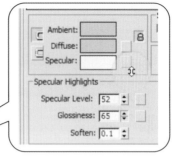

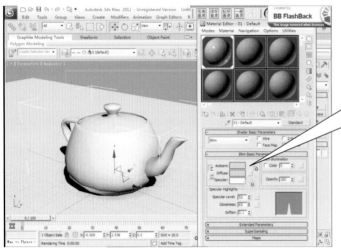

图 7-7

第七步：Glossiness（光泽度）可以理解为反射模糊，其最大值为 1，其值越小，得到的反射就越模糊。Soften 为光影的柔和度，起到柔和明暗交界线的作用，如图 7-7 所示。

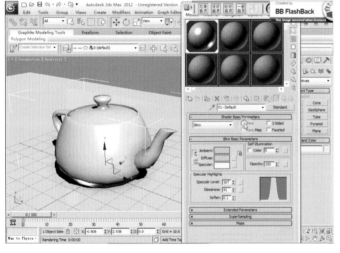

图 7-8

第八步：如图 7-8 所示，Wire 为框架显示。

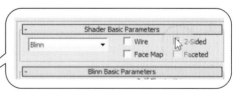

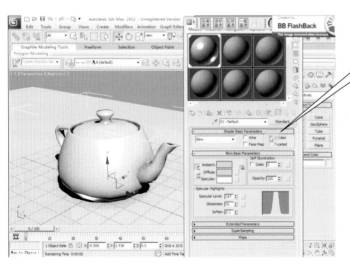

图 7-9

第九步：2-Sided（双面）可以处理渲染图片中不封闭的情况，如图 7-9 所示。

下面介绍材质球的种类。

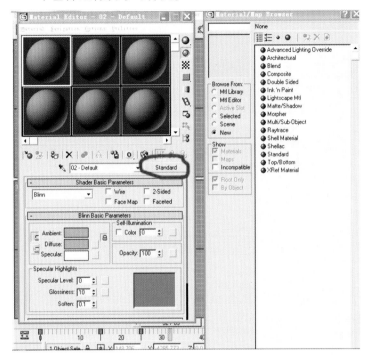

图 7-10

如图 7-10 所示,Standard(标准材质)也是 3ds Max 中的默认材质。

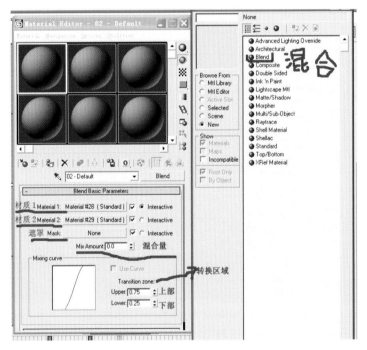

图 7-11

如图 7-11 所示,Blend(混合材质)是将两种不同的材质进行整合,在一个材质球中体现。

图 7-12

如图 7-12 所示，可以在曲面的单个面上将两种材质进行混合。混合具有可设置动画的"混合量"参数，该参数可以用来绘制材质变形功能曲线，以控制随时间混合两种材质方式。

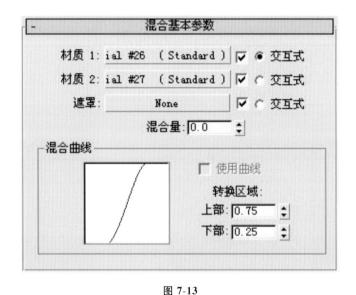

图 7-13

如图 7-13 所示，混合基本参数中的材质 1 和材质 2——选择或创建两种用以混合的材质。使用复选框来启用或禁用某材质。

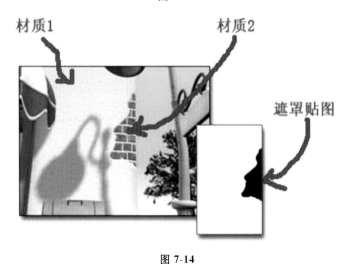

图 7-14

如图 7-14 所示，混合基本参数中的遮罩——选择或创建用于遮罩的贴图。根据贴图的强度，两种材质会以更大或更小度数进行混合。较明亮（较白）区域显示"材质1"，而较暗（较黑）区域则显示"材质2"。

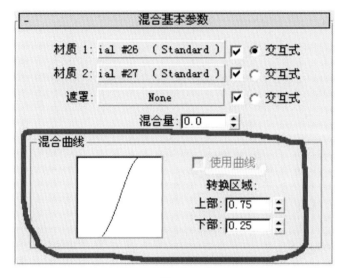

图 7-15

如图 7-15 所示,混合曲线影响(只有指定遮罩贴图后才会影响混合)进行混合的两种颜色之间的变换的渐变或尖锐程度。提示:对于杂色效果,可以将噪波贴图用作遮罩来混合两种标准材质。"使用曲线"(use curve)项用于确定"混合曲线"是否影响混合。当没有指定遮罩或指定了遮罩但被禁用时,该控件(use curve)不可用。"转换区域"的"上部"和"下部"值分别调整上限和下限的级别。如果这两个值相同,那么两种材质会在一个确定的边上接合。较大的范围能产生从一种子材质到另一种子材质更为平缓的混合。混合曲线显示更改这些值的效果。

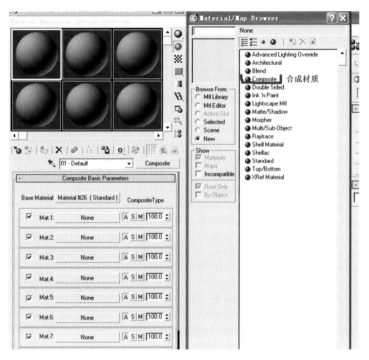

图 7-16

如图 7-16 所示,合成材质通过相加(A)和相减(S)实现,数量范围从 0 到 200(如果数量为 0,则不进行合成,下面的材质将不可见;如果数量为 100,则完成合成;如果数量大于 100,则合成将"超载",即材质的透明部分将变得更不透明,直至下面的材质不再可见)。混合(M)合成材质,数量范围从 0 到 100(如果数量为 0,则不进行合成,下面的材质不可见;如果数量为 100,则完成合成,并且只有下面的材质可见)。

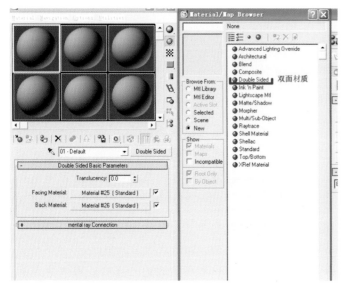

图 7-17

如图 7-17 所示，双面材质包含两种材质，一种材质用于对象的前面，另一种材质用于对象的后面。

图 7-18

如图 7-18 所示，运用双面材质可以分别向对象的前面和后面指定两种不同的材质。默认情况下，子材质是带有 Blinn 明暗的标准材质。要使材质半透明，将"半透明"设置为大于零的值。"半透明"控件影响正面和背面两种材质的混合。"半透明"为0.0时，没有混合。"半透明"为 100% 时，可以在内部面上显示外部材质，并在外部面上显示内部材质。设置为 0.0 和 100% 之间的值时，内部材质指定的百分比将下降，并显示在外部面上。

本 章 小 结

掌握基本材质的处理方法就可以调整出较为逼真的材质，了解常用的几种材质种类有助于我们在不同属性的模型上合理运用材质球。

第八章

多边形建模——汽车案例

DUOBIANXING JIANMO——QICHE ANLI

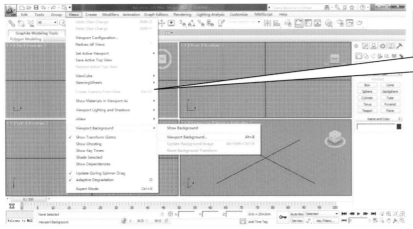

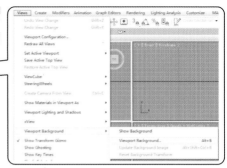

图 8-1

第一步:激活顶视图,选择主菜单中的"Views"→"Viewport Background"→"Viewport Background"命令,准备导入背景参照图片,如图 8-1 所示。

图 8-2

第二步:在弹出的"Viewport Background"对话框中选择与顶视图对应的参照图片,如图 8-2 所示。

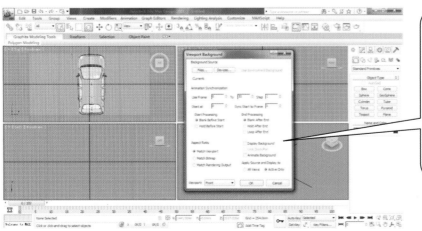

图 8-3

第三步:如图 8-3 所示,设置"Viewport Background"对话框中的参数。

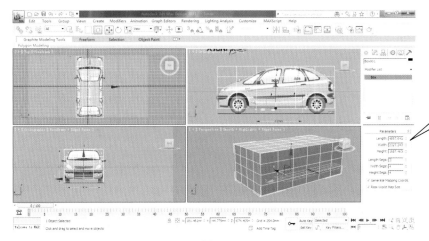

图 8-4

第四步:按同样的方法将其他两个视图的参照图片导入到视图当中。在基础几何体中选择矩形,按照三个视图中的参照图片进行对位,如图8-4所示。

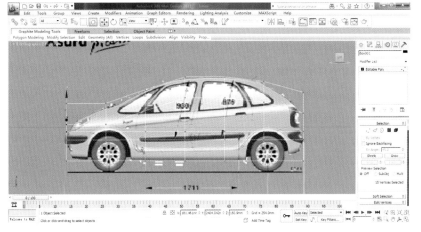

图 8-5

第五步:对位完成后切换到左视图,在建好的模型(box)上右击,选择"Cover To Polygon"命令,将Box转换为多边形,进入点编辑模式,对应参照图片调点,如图8-5所示。

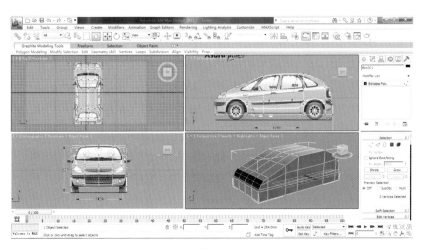

图 8-6

第六步:规划车窗和轮眉大概位置,如图8-6所示。

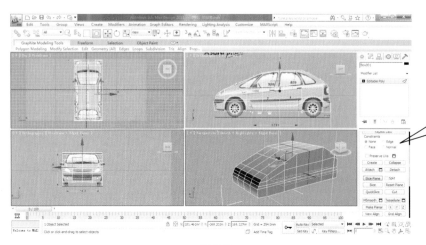

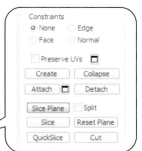

第七步：由于制作车窗需要更多的线，选择多边形编辑下拉框中的 Slice Plane（切片工具）为模型添加线，如图 8-7 所示。

图 8-7

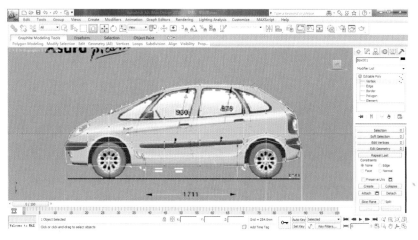

第八步：通过边加线边调整的方法将汽车的侧面大概形态调整出来，如图 8-8 所示。

图 8-8

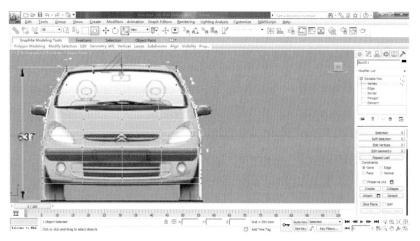

第九步：转换视图到前视图，用同样的方法将模型的大概轮廓调整出来，如图 8-9 所示。

图 8-9

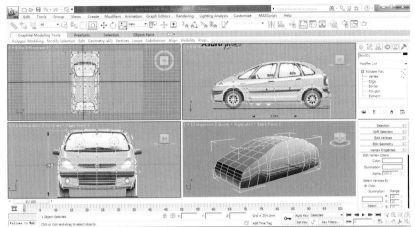

图 8-10

第十步:如图 8-10 所示,调整出轮眉的大概位置。

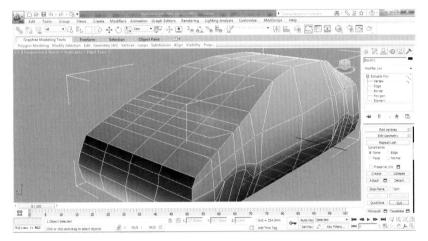

图 8-11

第十一步:轮眉的造型需要更多的点、线、面,在多边形编辑框中选择 Edit Geometry 下的 Cut(切割),分出更多的面,如图 8-11 所示。

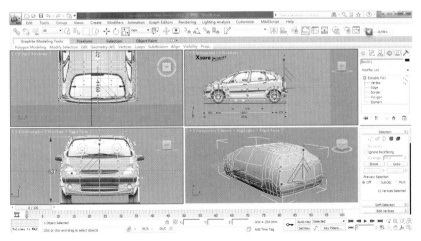

图 8-12

第十二步:轮眉轮廓调整完毕,修正尾部轮廓,将尾部两端最外侧的点选中运用缩放工具向中间收缩,如图 8-12 所示。

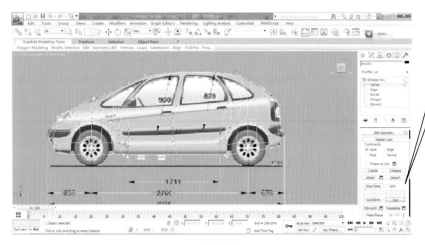

图 8-13

第十三步：调整车头和车尾的保险杠部位轮廓，必要的情况下可以运用切割工具加线，如图 8-13 所示。

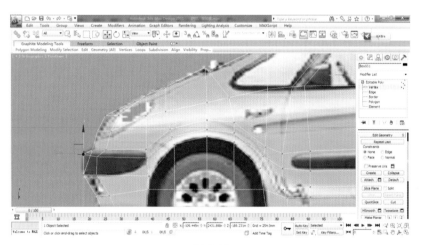

图 8-14

第十四步：重点调整侧面前保险杠轮廓，要求与参照图片轮廓重叠，如图 8-14 所示。

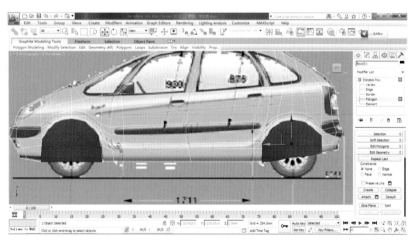

图 8-15

第十五步：进入多边形面编辑，选中模型轮洞部位的面进行删除，如图 8-15 所示。

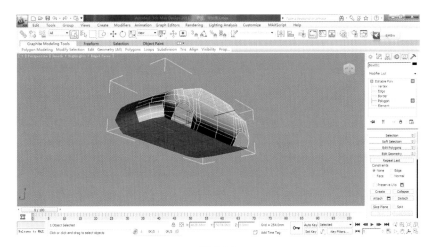

图 8-16

第十六步：如图 8-16 所示，删除模型底部与另一半的车身。因为刚刚只对我们看得见的半边车身进行了编辑，所以我们要删除另一边没有编辑过的车身。

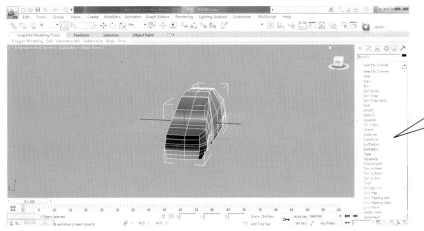

图 8-17

第十七步：选中模型进入修改面板，在修改面板中选择 Symmetry（对称），如图 8-17 所示。

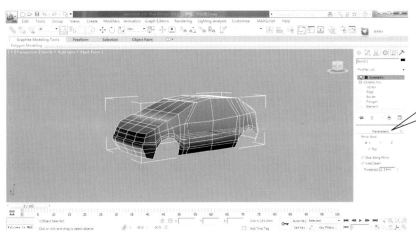

图 8-18

第十八步：如图 8-18 所示，以 X 轴为对称轴，勾选"Flip"项，另一半车身就出来了，而且细节与我们刚刚编辑过的另一半车身的细节是一样的。

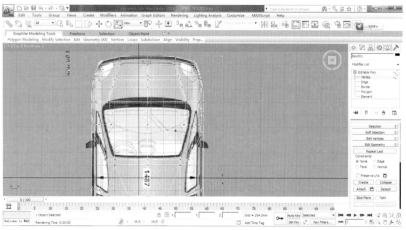

第十九步：在顶视图中对车的前挡风玻璃进行调整，如图 8-19 所示。

图 8-19

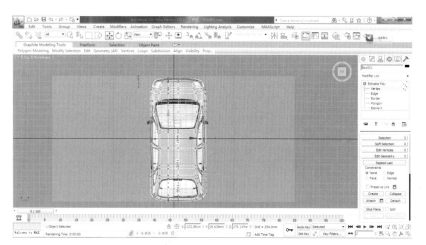

第二十步：如图 8-20 所示，运用 Slice Plane（切片工具）在模型上加线。

图 8-20

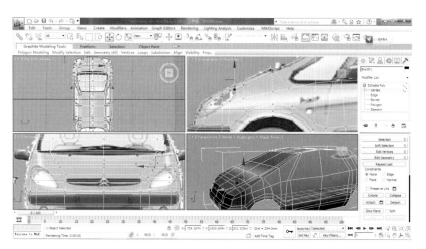

第二十一步：如图 8-21 所示，调整车的头灯和发动机盖突起的轮廓。

图 8-21

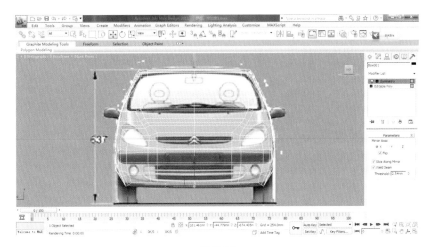

图 8-22

第二十二步：查看整体效果，将刚刚左边没有编辑过的半边车身删除，再进行一次对称，这样模型两半就完全对称了，图 8-22 所示为对称后的状态。

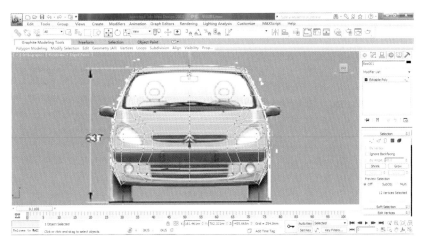

图 8-23

第二十三步：接着调整进气隔栅的位置布线，如图 8-23 所示。

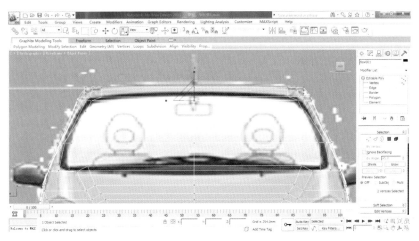

图 8-24

第二十四步：按照参照图片，将前挡风玻璃布线进行调整，如图8-24所示。

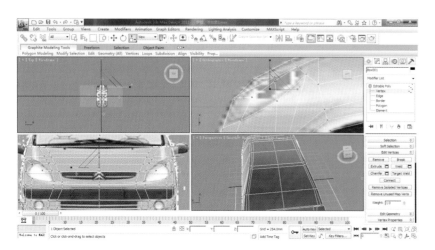

第二十五步：调整车灯布线，如图 8-25 所示。

图 8-25

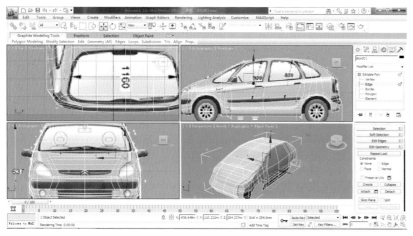

第二十六步：如图 8-26 所示，在车的侧面加一圈线，目的是调整头灯与防雾灯的细节。

图 8-26

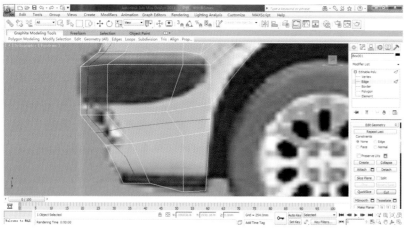

第二十七步：如图 8-27 所示，在防雾灯部位切割出一条线。

图 8-27

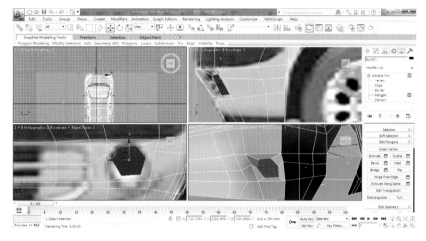

图 8-28

第二十八步:进入多边形面编辑模式,在前视图中红色区域是防雾灯编辑区域,将它与参照图片上防雾灯的位置进行对位,如图 8-28 所示。

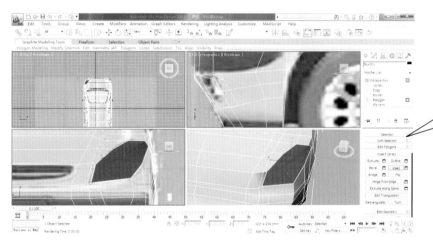

图 8-29

第二十九步:选择头灯部位上的面,如图 8-29 所示,选择 Edit Polygons 下的 Inset,为即将掏空车灯部位的车体增加厚度。

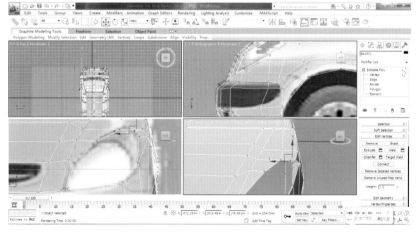

图 8-30

第三十步:删除刚刚选择的车灯的面,调整模型镂空边缘的点,如图 8-30 所示。

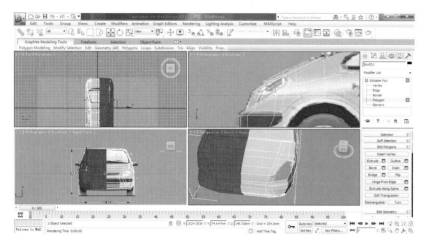

第三十一步:删除没有进行编辑的另一边的车身,如图 8-31 所示。

图 8-31

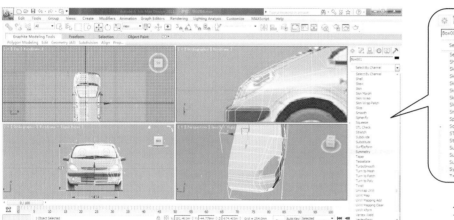

图 8-32

第三十二步:再次进行对称,观看效果,如图 8-32 所示。

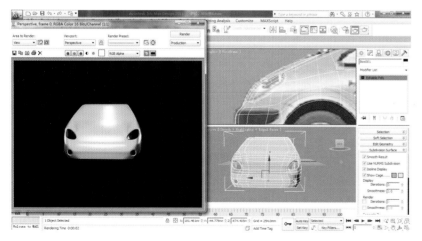

图 8-33

第三十三步:对模型进行光滑、渲染处理,并查看效果,如图 8-33 所示。

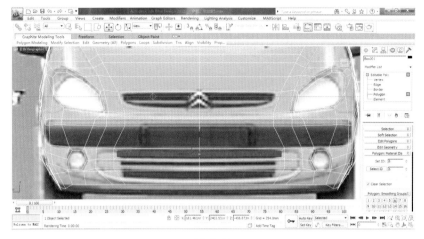

图 8-34

第三十四步：进入面编辑模式，选中图 8-34 所示区域，选择 Edit Polygons 下的 Inset。

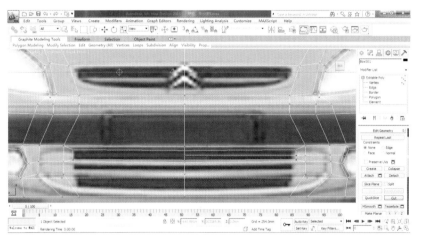

图 8-35

第三十五步：如图 8-35 所示，从中心线作一条割线连接到防雾灯的外轮廓线上，在后面模型进行圆滑处理后不产生严重的形变。

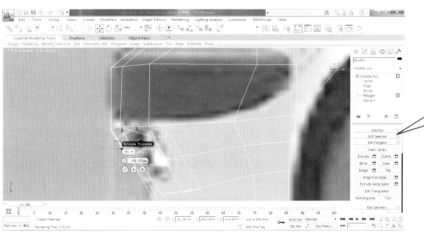

图 8-36

第三十六步：进入面编辑模式，运用 Extrude（挤出）功能将隔栅挤进去，达到镂空的效果，如图 8-36 所示。

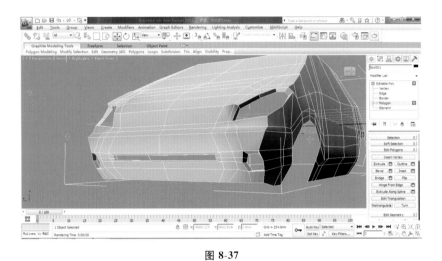

第三十七步：如图 8-37 所示，对称观察隔栅镂空效果。

图 8-37

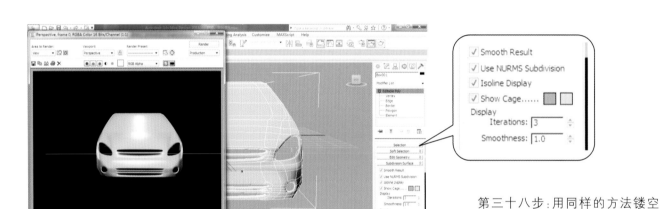

第三十八步：用同样的方法镂空进气隔栅，效果如图 8-38 所示。

图 8-38

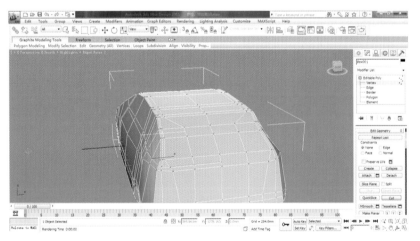

第三十九步：接下来割线，镂空前挡风玻璃车窗，如图 8-39 所示。

图 8-39

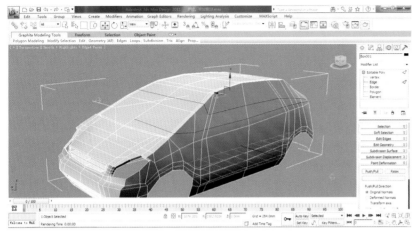

图 8-40

第四十步:如图 8-40 所示进行割线。

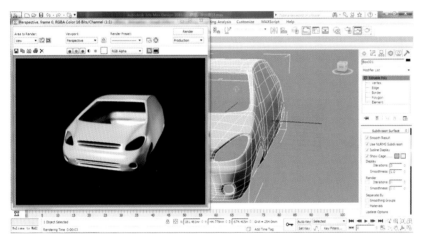

图 8-41

第四十一步:镂空的前挡风玻璃窗框圆滑效果,如图 8-41 所示。

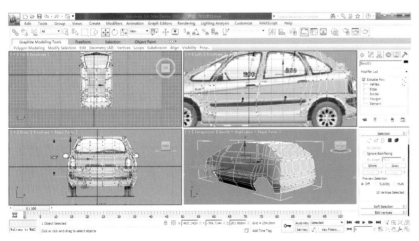

图 8-42

第四十二步:参照背景图片调整车身腰线上的点,如图 8-42 所示。

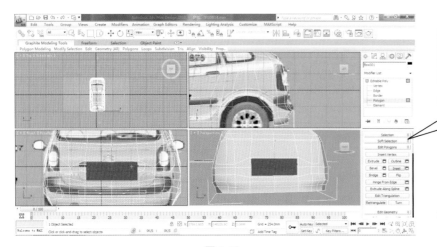

图 8-43

第四十三步:如图 8-43 所示,将挂放牌照的部位挤出。

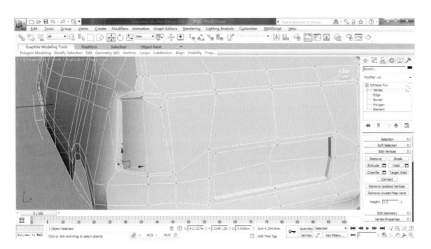

图 8-44

第四十四步:图 8-44 所示为尾灯和牌照区域已经挤出的效果。

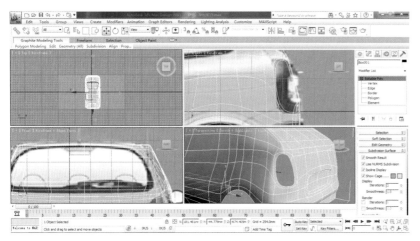

图 8-45

第四十五步:图 8-45 所示为进行圆滑处理后的尾部效果。

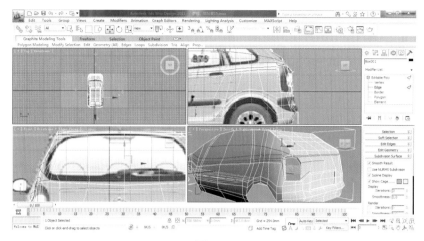

图 8-46

第四十六步：为了勾勒出车体的侧面腰线，我们继续对模型进行加线，如图 8-46 所示。

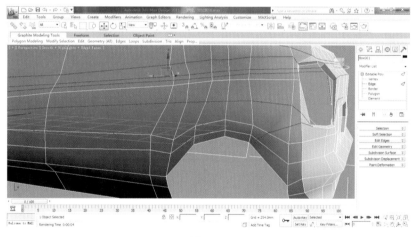

图 8-47

第四十七步：如图 8-47 所示，给轮眉加线，使其形状更规整。

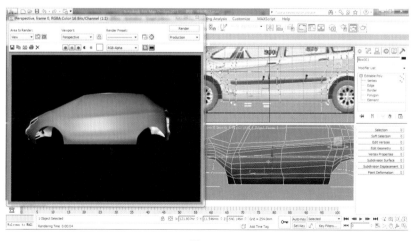

图 8-48

第四十八步：如图 8-48 所示，对模型进行圆滑处理，观察侧面模型轮廓，接下来要对窗户进行仔细刻画。

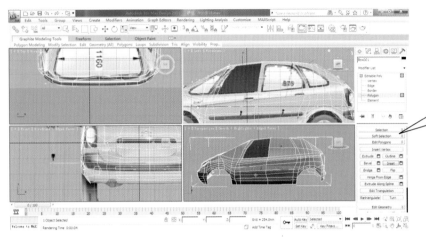

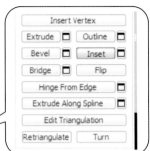

第四十九步:对车玻璃部分进行编辑,用 Inset 调整出窗框的形态,如图 8-49 所示。

图 8-49

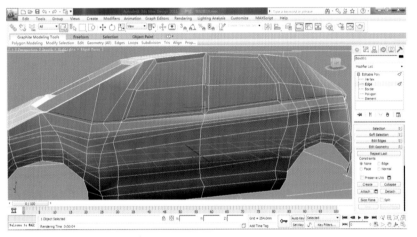

第五十步:如图 8-50 所示,再加一条线,勾出 A 柱窗(图 8-51 红色区域)形态。

图 8-50

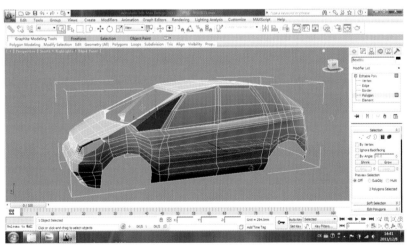

第五十一步:用 Inset 调整出窗框的形态,然后将图 8-51 所示的红色面向里挤出。

图 8-51

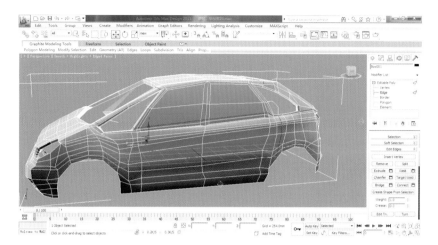

图 8-52

第五十二步：如图 8-52 所示，用与制作 A 柱窗同样的方法制作出后面的窗户。

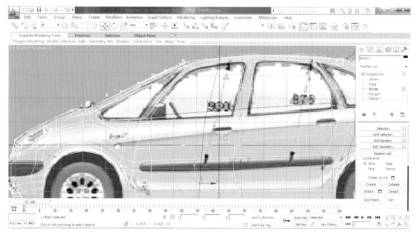

图 8-53

第五十三步：中间的玻璃需要更加细化，所以如图 8-53 所示，切割出一条线。

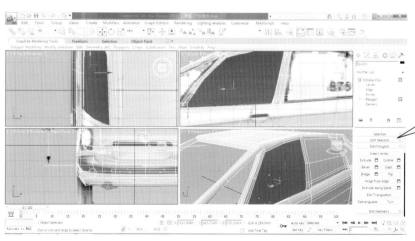

图 8-54

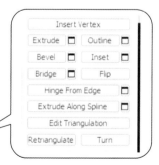

第五十四步：如图 8-54 所示，用 Inset 调整出窗框的形态，然后向里挤出。

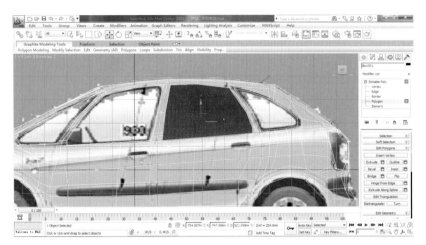

图 8-55

第五十五步:用同样的方法制作出中间第二个窗框,如图 8-55 所示。

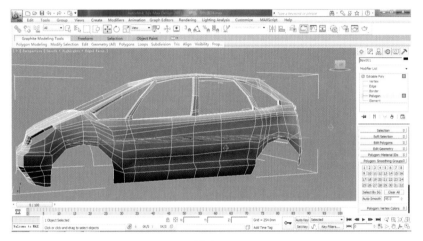

图 8-56

第五十六步:图 8-56 所示为所有的窗框镂空后的整体效果。

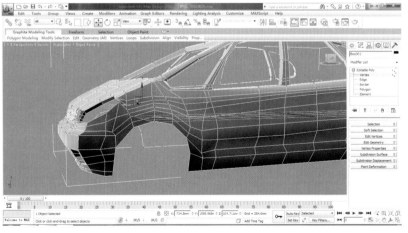

图 8-57

第五十七步:如图 8-57 所示,调整前轮眉周围的点,尽量使其周围的点分布均匀。

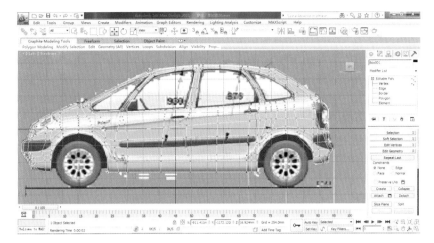

图 8-58

第五十八步：参照背景调整后门上的点，如图 8-58 所示。

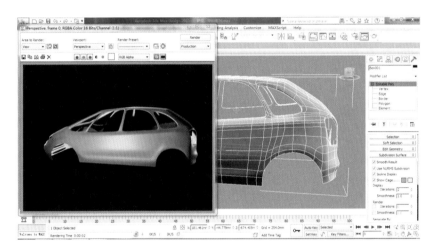

图 8-59

第五十九步：调整完后，我们将模型进行圆滑处理，最终效果如图 8-59 所示。

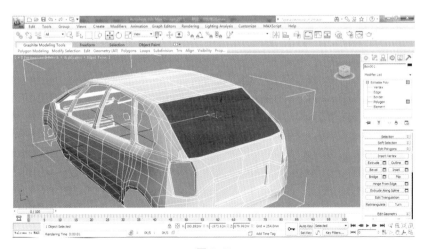

图 8-60

第六十步：调整点，挤出后挡风玻璃窗框的轮廓，如图 8-60 所示。

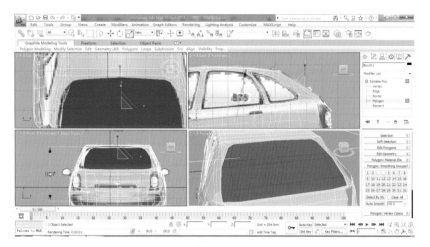

图 8-61

第六十一步:对照后视图上的背景参考图片制作出后挡风玻璃的窗框,如图 8-61 所示。

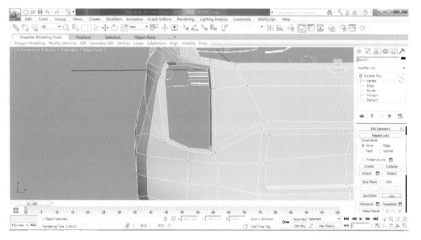

图 8-62

第六十二步:将后挡风窗框镂空,汽车尾部形体如图 8-62 所示。

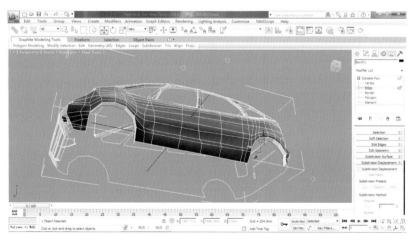

图 8-63

第六十三步:选中轮眉最内侧的边,运用方向键向里拉伸,为车身外壳增加厚度,使车身有体积感,如图 8-63 所示。

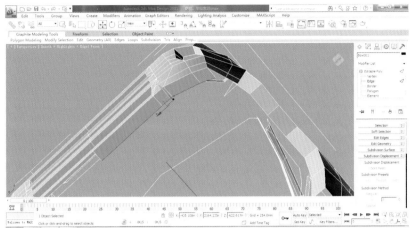

图 8-64

第六十四步：选中前保险杠最内侧边，运用方向键向里拉伸，如图 8-64 所示。

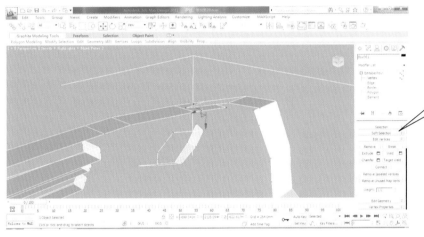

图 8-65

第六十五步：由于是分开拉伸的，所以需要 Weld（焊接）轮眉与前保险杠的点，让它们连成一个整体，如图 8-65 所示。

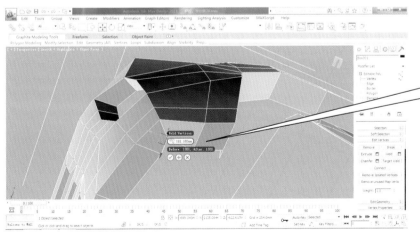

图 8-66

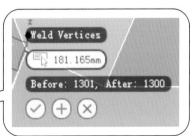

第六十六步：图 8-66 所示为焊接后的效果，调整点让模型更为合理。

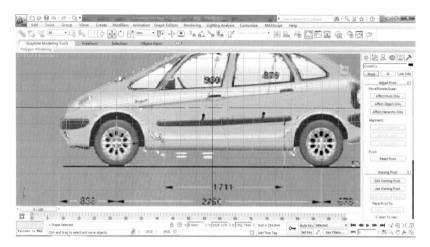

图 8-67

第六十七步:如图 8-67 所示,观察左视图。汽车外壳模型制作就告一段落,接下来我们就要制作其他的汽车零件。

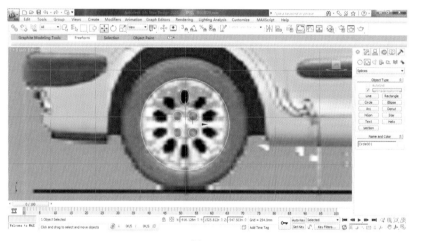

图 8-68

第六十八步:参照背景参考图片制作轮毂;在二维面板 选择 Circle,在视图中画出圆圈,如图8-68 所示。

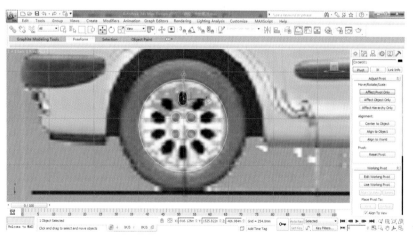

图 8-69

第六十九步:选中椭圆线,进入物体属性面板 Pivot(中心点),选择 Affect Pivot Only(中心点坐标),如图 8-69 所示。

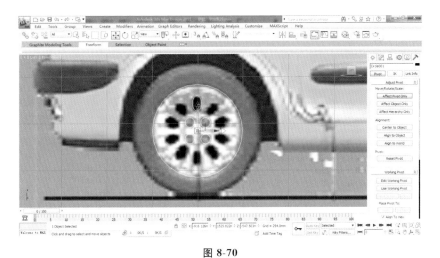

图 8-70

第七十步：将椭圆的中心点移到大圆的中心，如图 8-70 所示。

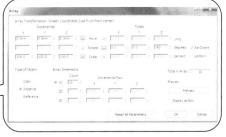

图 8-71

第七十一步：在主菜单中选择"Tools"→"Array"（阵列工具）命令，让椭圆以 Z 轴为圆心复制出 10 个椭圆，参数如图 8-71 所示。

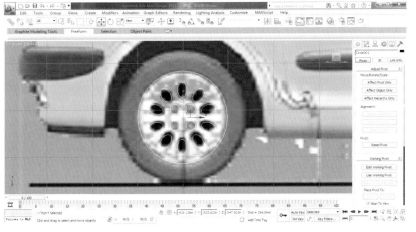

图 8-72

第七十二步：轮毂中就出现了一圈椭圆，如图 8-72 所示。

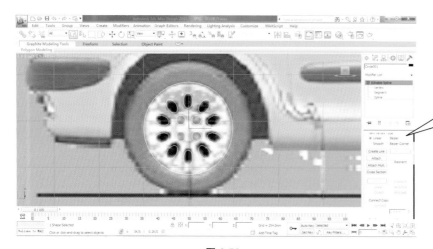

图 8-73

第七十三步：选中大圆将其转换为线编辑，在编辑框中选择 Attach（附加）把其他的圆线附加在一起，形成整体，如图 8-73 所示。

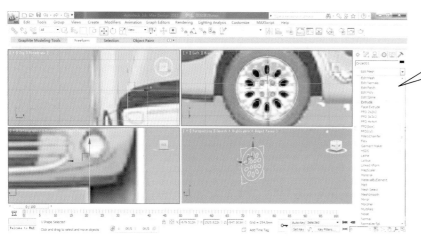

图 8-74

第七十四步：选择画好的轮毂轮廓线，在修改面板下拉框中选择 Extrude（挤出），给轮毂制作出厚度，如图 8-74 所示。

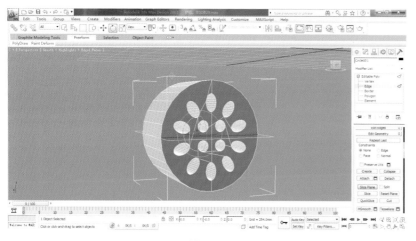

第七十五步：挤出轮毂如图8-75所示。

图 8-75

图 8-76

第七十六步:轮胎内外侧效果如图 8-76 所示。

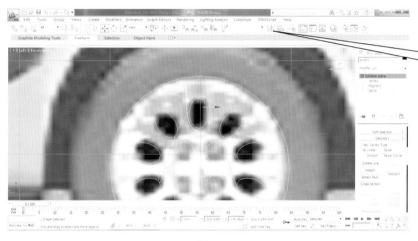

图 8-77

第七十七步:以上是轮胎的最终效果,所以我们将轮毂外侧的造型进行修整,在二维面板 中选择 Line,按照图 8-77 所示画一段曲线并用镜像方式绘制另一半。

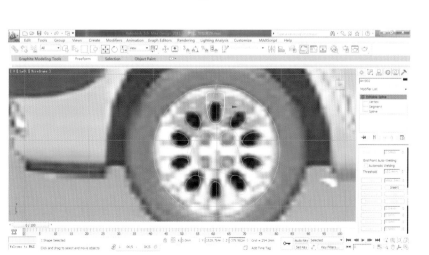

图 8-78

第七十八步:在多边形线编辑面板中用 Wind(焊接)将镜像制作的两条线合为一条线,调整成图 8-78 所示的形态。

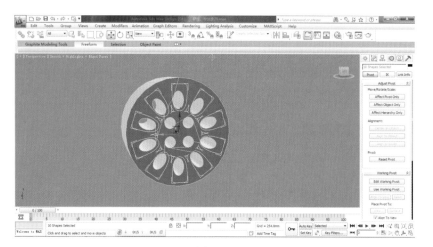

图 8-79

第七十九步：如图 8-79 所示，将画好的轮毂图形整列出来。

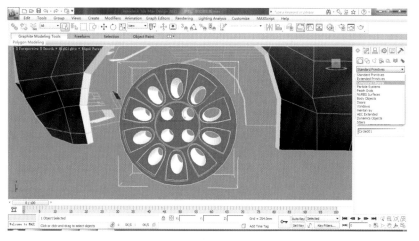

图 8-80

第八十步：进入基础几何体面板下拉框，选择 Compound Objects（合成物体），如图 8-80 所示。

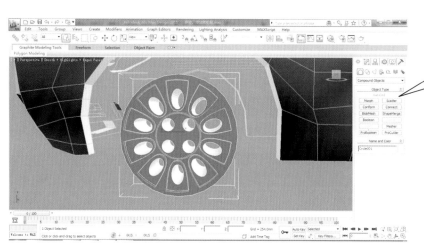

图 8-81

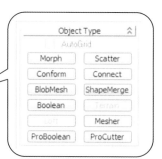

第八十一步：选中轮毂模型，选中 ShapeMerge（面合并），再选择刚刚阵列的一圈二维线，如图 8-81 所示。

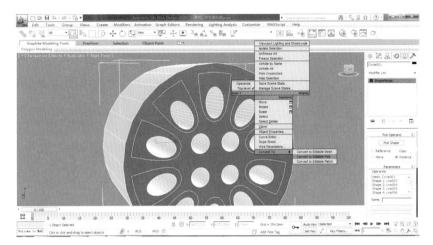

图 8-82

第八十二步：将面合并好的物体转换为多边形，如图 8-82 所示。

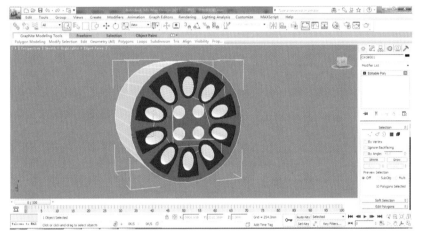

图 8-83

第八十三步：进入多边形面编辑模式，选中图中红色区域并删除，如图 8-83 所示。

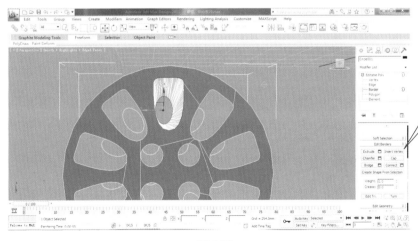

图 8-84

第八十四步：如图 8-84 所示，选择 Border（边界模式），按住键盘上的 Ctrl 键加选外侧与内侧的边缘线，在 Edit Borders 面板中选择 Bridge（桥接），将两条边缘线进行连接封闭，以此方法将其他边缘线连接。

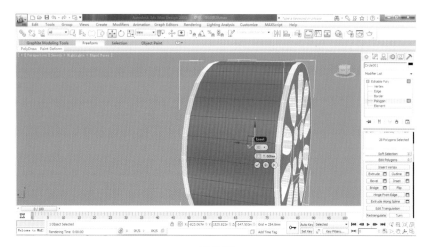

图 8-85

第八十五步：在多边形面编辑模式下选择红色区域，做两次 Inset（插入），做出卡轮胎的槽，如图 8-85 所示。

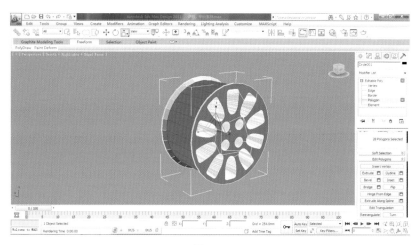

图 8-86

第八十六步：如图 8-86 所示，选中红色区域，用缩放工具将红色面往里缩，轮毂上的轮胎槽制作出来后，轮毂就制作完毕。

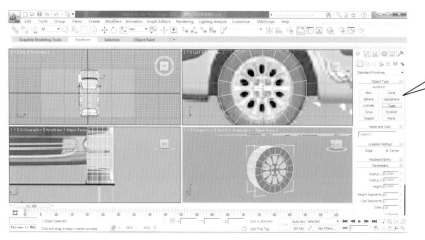

图 8-87

第八十七步：在基础几何体中选择 Tube（管状体），制作轮胎，参数如图 8-87 所示。

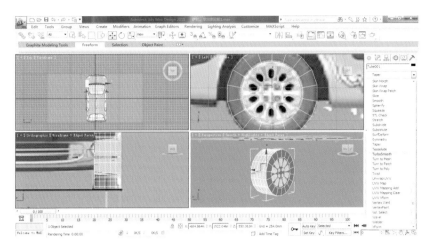

第八十八步:调整好大小,在修改面板中选择 TurboSmooth(涡轮平滑),如图 8-88 所示。

图 8-88

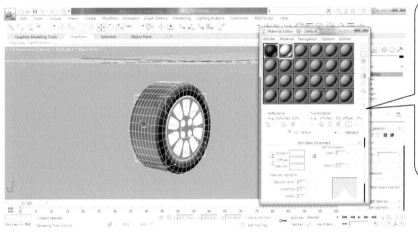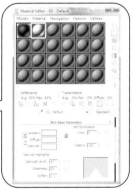

第八十九步:将制作好的轮胎赋予黑色材质,赋予轮毂银色的金属材质,如图 8-89 所示。

图 8-89

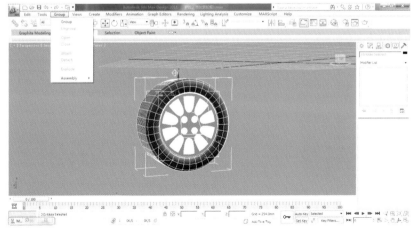

第九十步:如图 8-90 所示,材质赋予好后,选择主菜单中的"Group"→"Group"命令,将轮胎和轮毂组合起来并命名为轮胎。

图 8-90

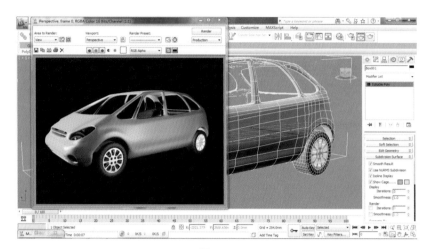

图 8-91

第九十一步:合并车身和轮胎,渲染效果如图 8-91 所示。

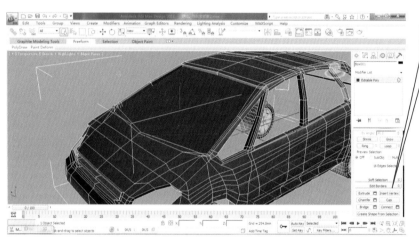

图 8-92

第九十二步:选择多边形边界模式,选择前挡风窗框的边缘,如图 8-92所示在编辑框中选择 Cap(封套),形成前挡风玻璃(提示:挡风玻璃可以在开始建模时就留下,但考虑到初学者,为不影响建模效果,所以分开制作)。

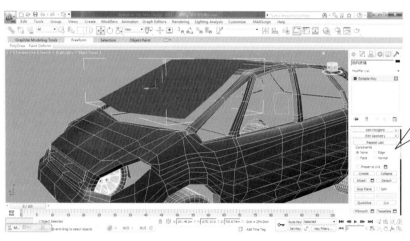

图 8-93

第九十三步:在面编辑模式下,选择刚刚生成的前挡风玻璃模型,如图 8-93 所示在编辑框中选择 Detach(分离),单独的前挡风玻璃就分离出来了。

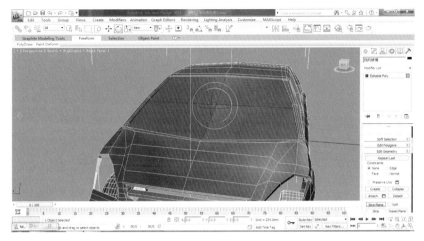

图 8-94

第九十四步：对前挡风玻璃模型进行切片，做出前挡风玻璃的弧度，如图 8-94 所示。

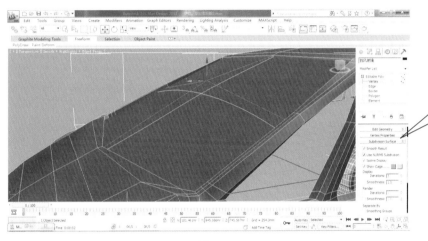

图 8-95

第九十五步：如图 8-95 所示，在 Subdivision Surface（曲面面板）中勾选"Use NURMS Subdivision"对模型进行圆滑处理，调节节点，调整圆滑度。

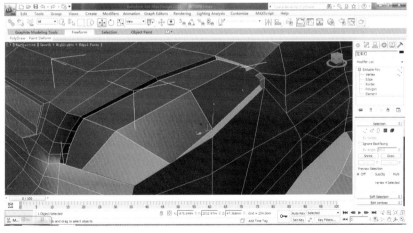

图 8-96

第九十六步：运用制作前挡风玻璃的方法制作出车的前大灯，如图 8-96 所示，给大灯模型加线，编辑出前大灯的造型。

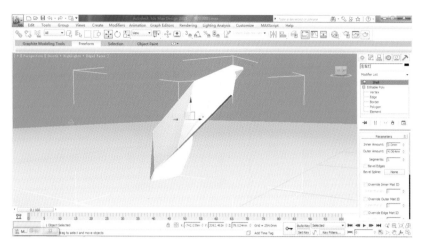

图 8-97

第九十七步：由于生成的大灯模型没有厚度，所以在修改面板的下拉框中选择 Shell(壳)，为其添加厚度，如图 8-97 所示。

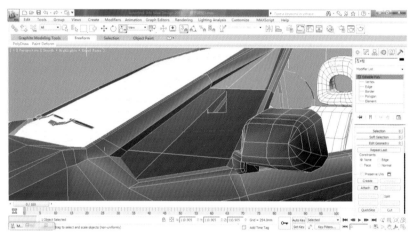

图 8-98

第九十八步：制作 A 柱上的玻璃，如图 8-98 所示。

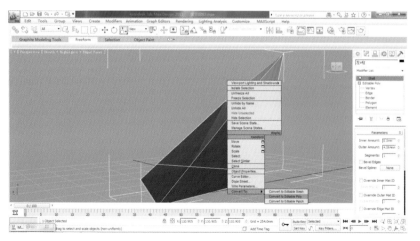

图 8-99

第九十九步：为模型添加厚度，如图 8-99 所示。

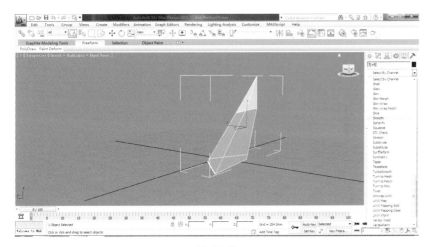

图 8-100

第一百步：由于模型结构简单，我们可以给其添加一个 Smooth 命令，让其变圆滑，如图 8-100 所示。

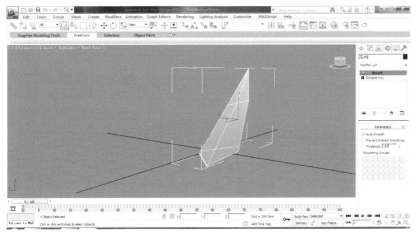

图 8-101

第一百〇一步：如图 8-101 所示，调整参数。

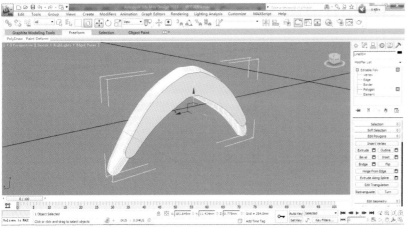

图 8-102

第一百〇二步：制作车标，先用线勾勒出如图 8-102 所示的形状，在修改面板下拉框中选择挤出，接着将模型转换为多边形，选择该面进行挤出缩放，反复几次，模型就出来了

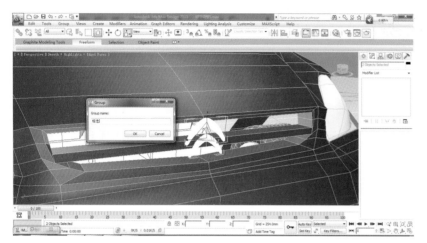

图 8-103

第一百〇三步：图 8-103 所示为已经制作好的车标。

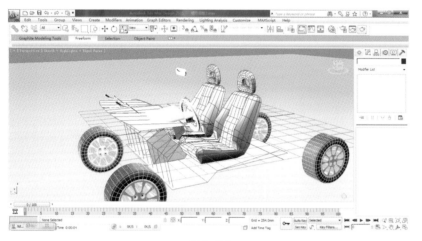

图 8-104

第一百〇四步：将制作好的座椅内饰合并进来(由于这些都是基础建模,此处不再详细讲解),如图 8-104 所示。

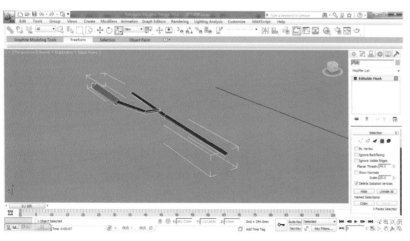

图 8-105

第一百〇五步：图 8-105 所示为制作好的雨刮器。

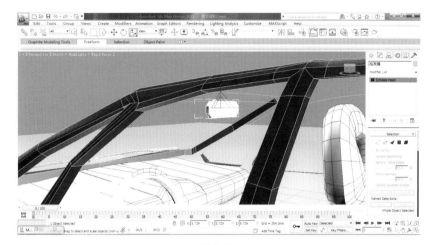

图 8-106

第一百〇六步：通过简单的多边形编辑，车内后视镜很快也能制作出来，如图 8-106 所示。

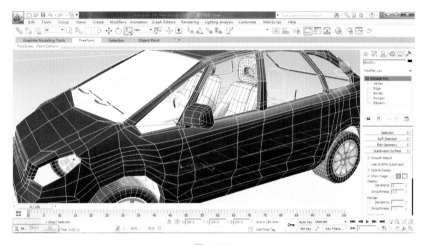

图 8-107

第一百〇七步：倒车后视镜可以直接从车身挤出来，或者制作独立的模型。用与制作前挡风玻璃相似的方法，制作出其他玻璃与车灯来，如图 8-107 所示。

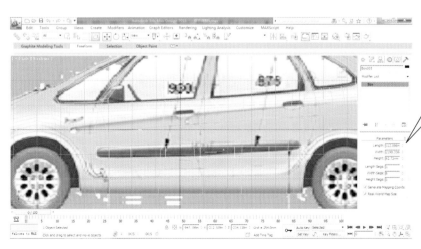

图 8-108

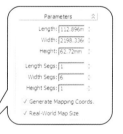

第一百〇八步：将车的小零件制作完后，接着制作车身的防擦条。由于防擦条也是独立出来的，所以也要单独制作。先在基础几何体重建一个立方体，对其模型段数进行设置，参数如图 8-108 所示。

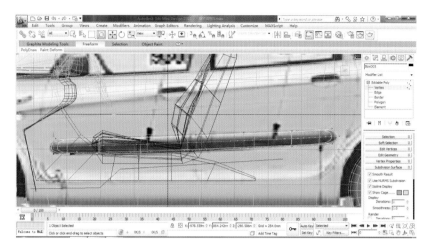

图 8-109

第一百○九步：对模型进行圆滑处理，然后调整节点，使之与参照图片上的位置一样，如图 8-109 所示。

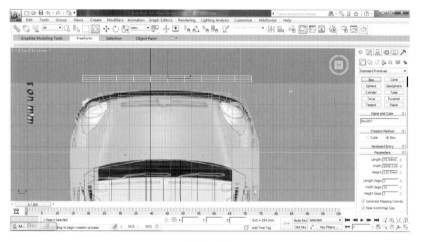

图 8-110

第一百一十步：用同样的方法制作前保险杠的防擦条，如图 8-110 所示。

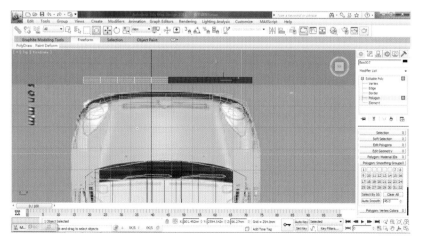

图 8-111

第一百一十一步：由于左右的防擦条是对称的，所以只需要制作半边的模型即可，如图 8-111 所示。

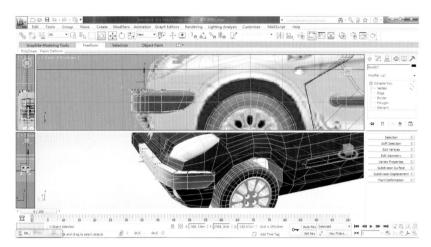

图 8-112

第一百一十二步：如图 8-112 所示，通过多边形点编辑来调节前保险杠防擦条。

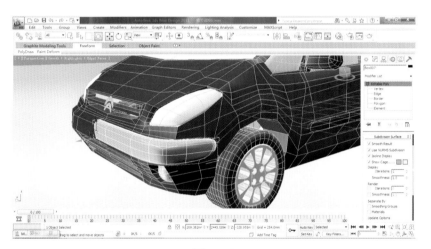

图 8-113

第一百一十三步：进行圆滑处理后的保险杠，通过运用对称就可以制作出完整的保险杠，如图 8-113 所示。

图 8-114

第一百一十四步：图 8-114 所示为最终效果图。

本 章 小 结

　　本章内容难度较高,多边形建模方法建造工业汽车模型是三维建模比较高级的建模方法,许多人在初期学习中用多边形建模建出来的模型总是看上去很别扭,主要原因有以下三种:①对软件的操作方法不习惯。②对模型的认识有欠缺,导致选择建模方法失误。③没有持之以恒的学习和练习。多边形在三维建模领域中运用广泛,此建模方法不是仅仅局限在 3ds Max 软件中,在我们熟知的 MAYA、CAD 等软件中都有多边形的身影。如果你能够熟练运用多边形层级下的点、线、面编辑模式建造模型,那么你学习 3ds Max 就已经成功一半了。

第九章

卡通角色制作——小黄人

KATONG JUESE ZHIZUO——XIAOHUANGREN

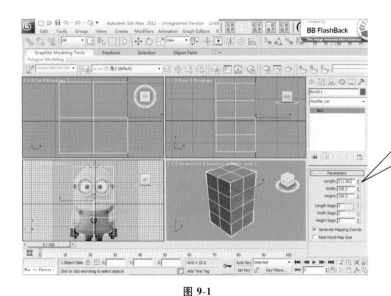

第一步:建立一个基本体 Box。如图 9-1 所示,将它的长、宽、高的段数分别设置为 4、2、2。

图 9-1

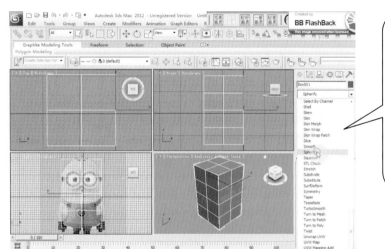

第二步:在修改面板下拉框中选择 Spherify(球形化)对 Box 进行圆滑处理,如图 9-2 所示。

图 9-2

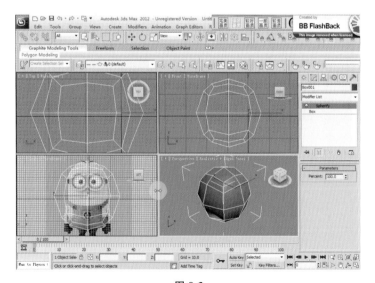

第三步:图 9-3 所示为球形化后的效果。

图 9-3

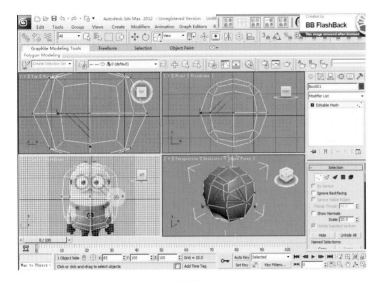

图 9-4

第四步:在任意视图中选中模型,右击,选择 Convert Editable Mesh,将模型变成网格编辑模式,如图 9-4 所示。

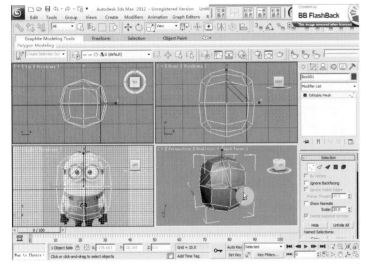

图 9-5

第五步:如图 9-5 所示,进入点编辑模式,按参照图片调整模型。

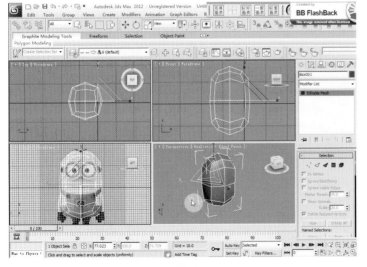

图 9-6

第六步:如图 9-6 所示,调整模型基本体。

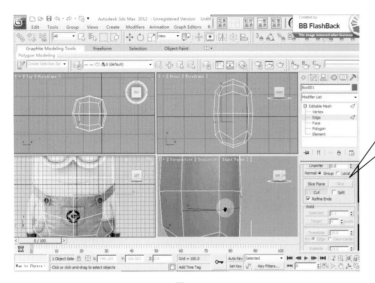

第七步:选择 Cut,为模型加线,划分模型衣服轮廓,如图 9-7 所示。

图 9-7

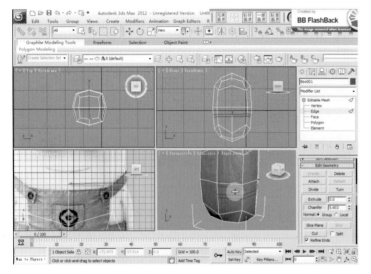

第八步:选中上一步制作好的线,选择 Chamfer(斜切),分出两条线,如图 9-8 所示。

图 9-8

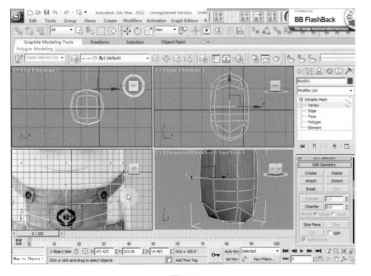

第九步:切换为点编辑模式,编辑模型,如图 9-9 所示。

图 9-9

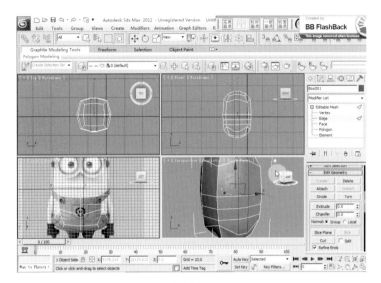

图 9-10

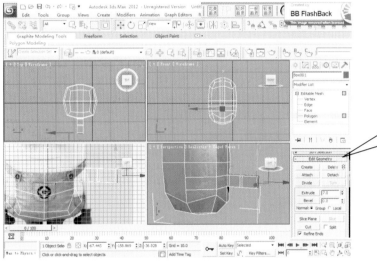

图 9-11

第十步:如图 9-10 所示,切换为边编辑模式,选择 Edit Geometry 选项栏下的 Slice Plane(切片),为模型侧边切出一条环形线,一边做手臂挤出。

第十一步:如图 9-11 所示,切换为 Polygon(多边形)编辑模式,选择 Edit Geometry 选项栏下的 Extrude(挤出)挤出手臂。

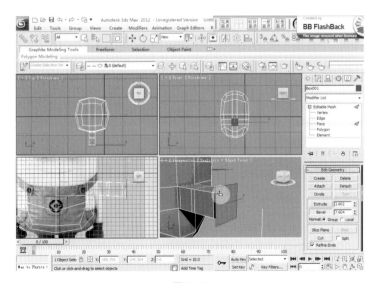

图 9-12

第十二步:切换到 Face(面)编辑模式,选择 Bevel(斜角),将选中的面挤出放大,如图 9-12 所示。

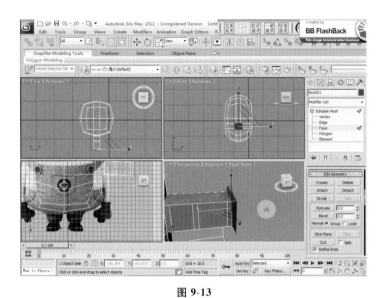

图 9-13

第十三步：如图 9-13 所示，做适当的调整使之更符合要求，再制作手套部分。

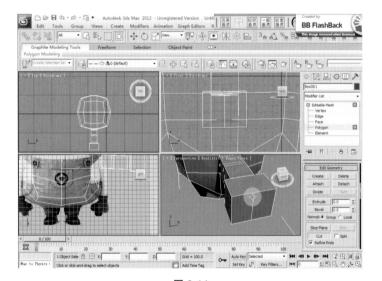

图 9-14

第十四步：如图 9-14 所示，作模型切线，绘制手指区域。

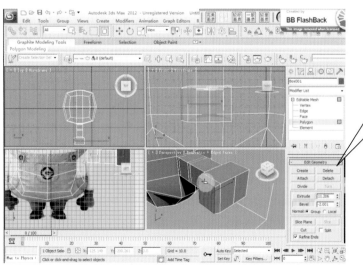

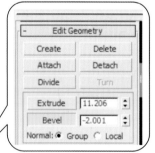

第十五步：选中面，进行 Bevel（斜角）处理，制作大拇指，如图 9-15 所示。

图 9-15

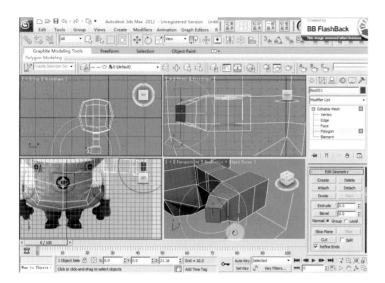

图 9-16

第十六步：用 Bevel（斜角）挤出大拇指的形状，如图 9-16 所示。

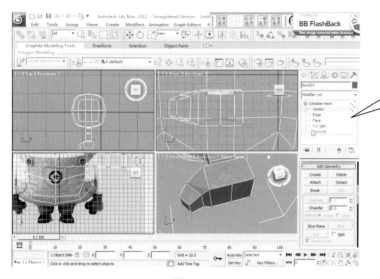

图 9-17

第十七步：进入 Vertex（点）编辑模式，调整模型，如图 9-17 所示。

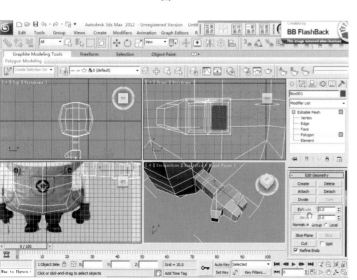

图 9-18

第十八步：用同样的方法挤出另外两根手指，如图 9-18 所示。

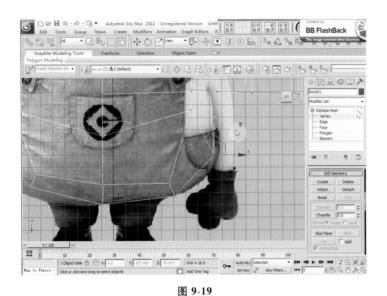

图 9-19

第十九步：手臂制作完成后，调整模型，挤出腿部，如图 9-19 所示。

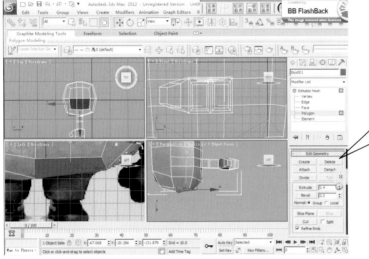

图 9-20

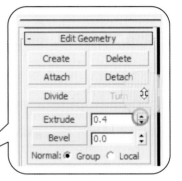

第二十步：如图 9-20 所示，切换为 Polygon（多边形）模式，将选中的面用 Extrude（挤出）挤出。

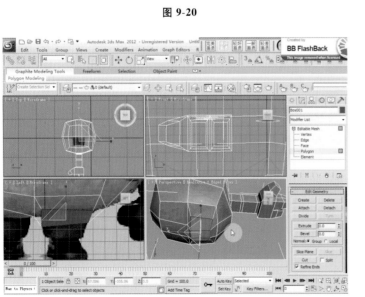

图 9-21

第二十一步：边进行挤出操作边调整面的大小，如图 9-21 所示。

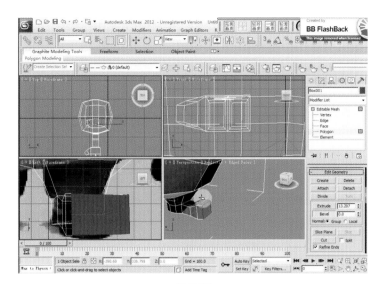

图 9-22

第二十二步:腿部挤出完毕后,用同样的方法挤出大头鞋,如图 9-22 所示。

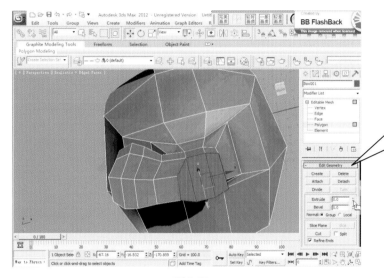

图 9-23

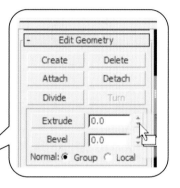

第二十三步:刻画鞋子的细节部位,挤出鞋跟,如图 9-23 所示。

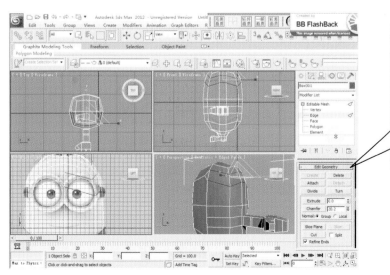

图 9-24

第二十四步:如图 9-24 所示,切换为边编辑模式,选中模型头的线,选择 Chamfer(倒角),倒出两根线,以备制作眼镜用。

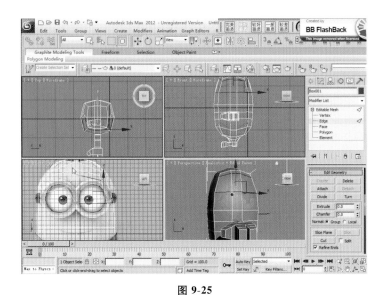

图 9-25

第二十五步:调整两条线的位置,如图 9-25 所示。

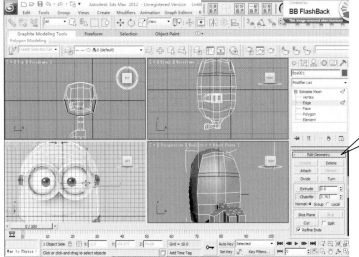

图 9-26

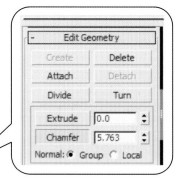

第二十六步:选择刚刚切出的线,再做一次 Chamfer(倒角),如图 9-26 所示。

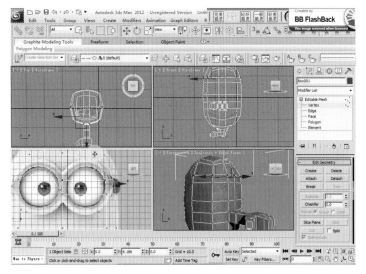

图 9-27

第二十七步:调整线的位置,如图 9-27 所示。

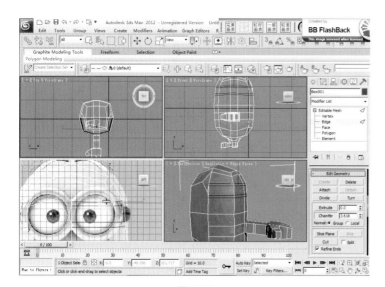

图 9-28

第二十八步：如图 9-28 所示，选中图中红色的两条线，做 Chamfer（倒角），分出较多的段。

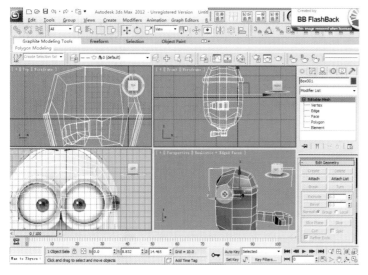

图 9-29

第二十九步：编辑成如图 9-29 所示的样子。

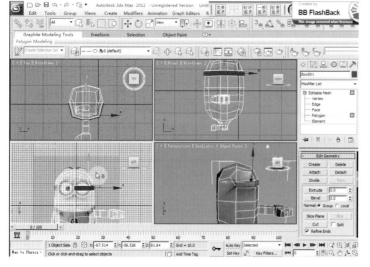

图 9-30

第三十步：将眼镜带子凸起的部分挤出，如图 9-30 所示。

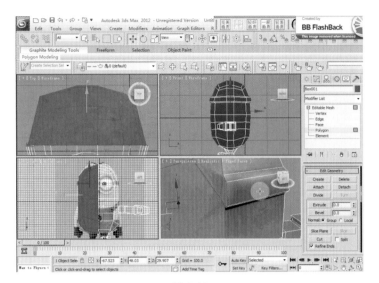

第三十一步：如图 9-31 所示，将模型另外一边的面删除，以提高工作效率。

图 9-31

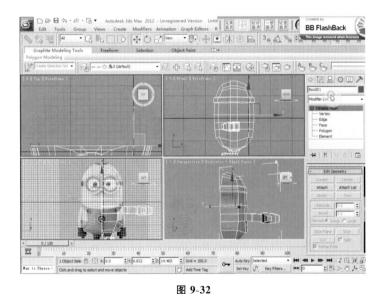

第三十二步：打开编辑下拉框，如图 9-32所示。

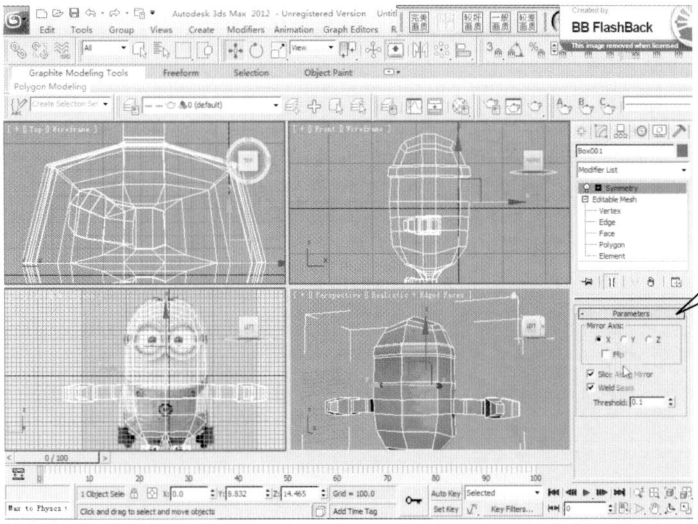

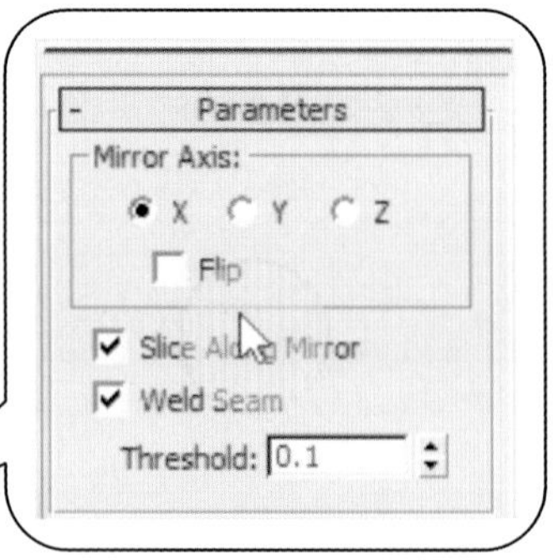

图 9-32

第三十三步：在编辑下拉框中找到 Symmetry（对称），对称制作出另外一边，如图 9-33 所示。

图 9-33

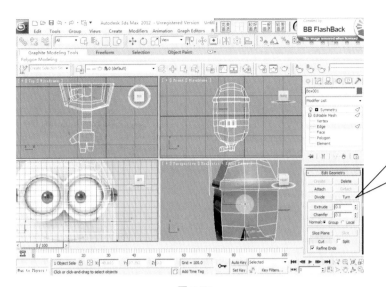

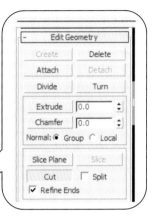

第三十四步:继续为模型加线,以备制作眼镜框,如图 9-34 所示。

图 9-34

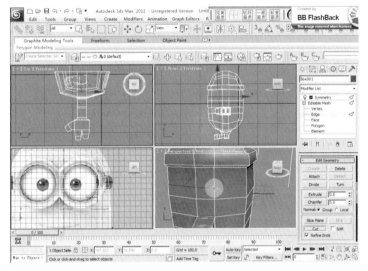

第三十五步:围绕模型加一圈线,如图 9-35 所示。

图 9-35

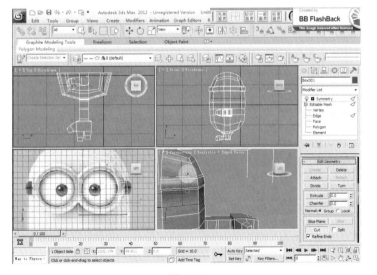

第三十六步:调整模型,如图 9-36 所示。

图 9-36

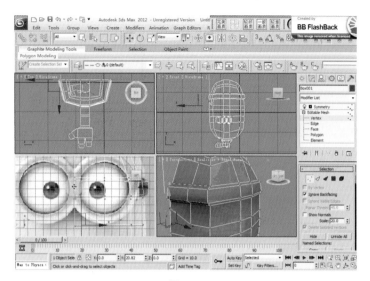

第三十七步：切换成点编辑模式，在模型中调整眼镜框轮廓，如图 9-37 所示。

图 9-37

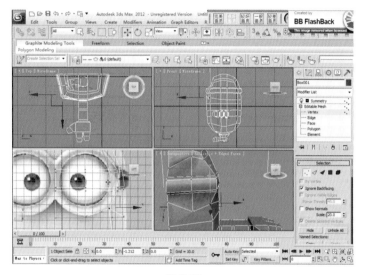

第三十八步：沿着图片做调整，如图 9-38所示。

图 9-38

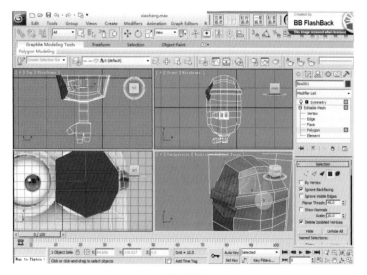

第三十九步：切换成多边形编辑模式，选中调整好的眼镜框，如图 9-39 所示。

图 9-39

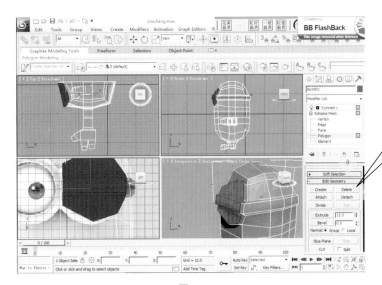

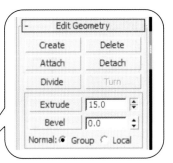

第四十步:修改选项框中的 Extrude (挤出)后面的参数,做微调,如图 9-40 所示。

图 **9-40**

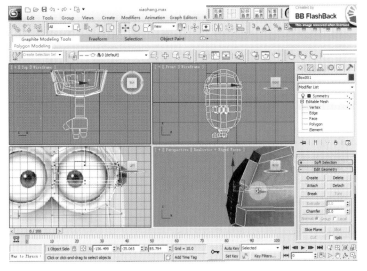

第四十一步:运用点编辑调整眼镜带与眼镜框的连接部位,如图 9-41 所示。

图 **9-41**

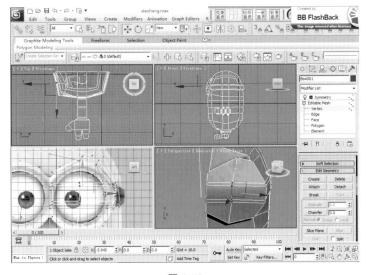

第四十二步:将眼镜表面凹凸不平的区域调整成平面,如图 9-42 所示。

图 **9-42**

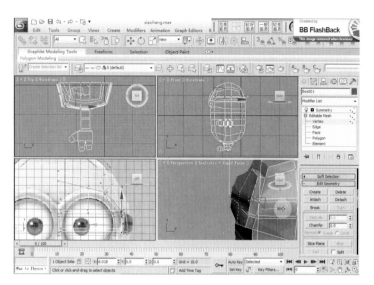

图 9-43

第四十三步：如图 9-43 所示，对模型进行细致调整。

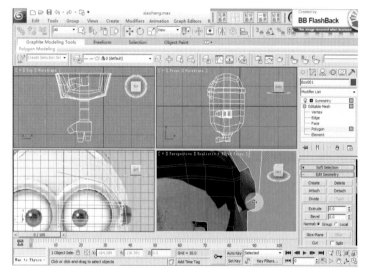

图 9-44

第四十四步：由于新挤出的眼镜框侧边部分是闭合的，后面会影响模型对称，所以要删除多余的面，如图 9-44 所示。

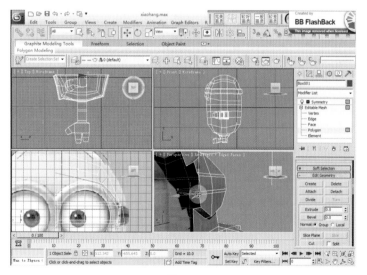

图 9-45

第四十五步：如图 9-45 所示，多余的面已被删除。

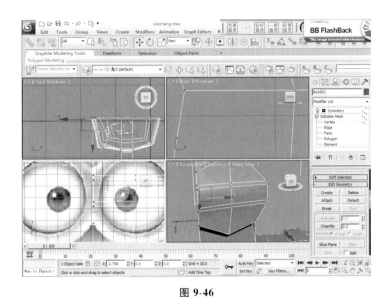

第四十六步:参照原图调整眼镜框的位置,如图 9-46 所示。

图 9-46

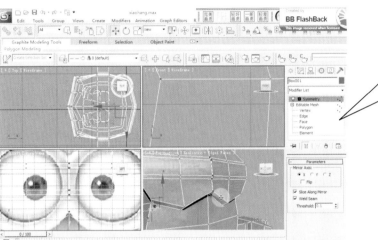

第四十七步:选择 Symmetry(对称),修改 Threshold(阈值)后面的数值,调整对称后没有合并的点,如图 9-47 所示。

图 9-47

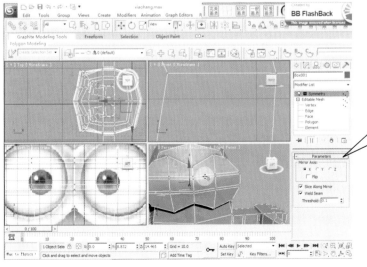

第四十八步:如图 9-48 所示,做细节调整。

图 9-48

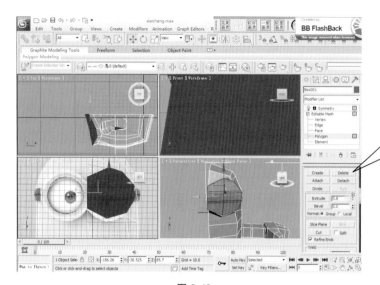

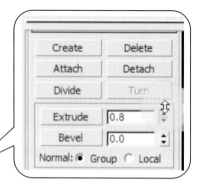

图 9-49

第四十九步:切换为 Polygon 模式,选中面,修改 Extrude(挤出)后面的数值,制作镜框细节部分,如图 9-49 所示。

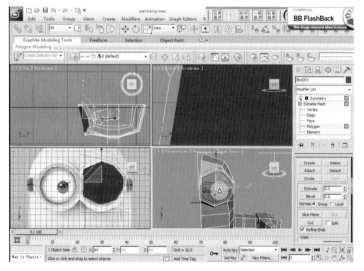

图 9-50

第五十步:运用缩放工具对挤出的面进行缩放,如图 9-50 所示。

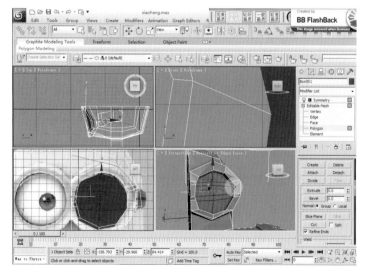

图 9-51

第五十一步:确定好眼镜框的外框厚度,选中镜面部分用 Extrude 做一次向里的挤出,如图 9-51 所示。

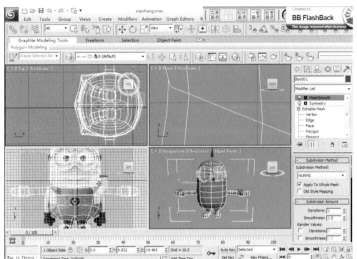

图 9-52

第五十二步:镜框制作完毕后,选择 MeshSmooth(网格平滑),如图 9-52 所示。

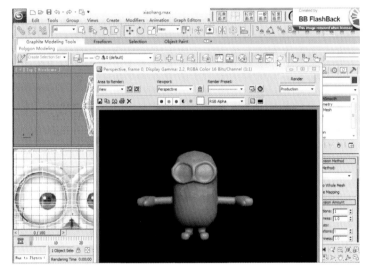

图 9-53

第五十三步:进行圆滑处理后的模型如图 9-53 所示。

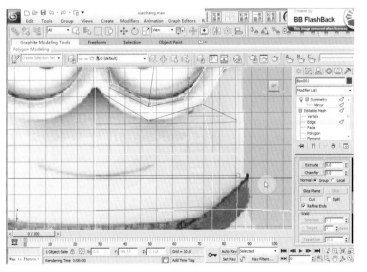

图 9-54

第五十四步:删除网格平滑,制作嘴巴部分,如图 9-54 所示。

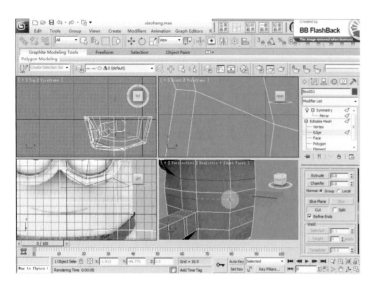

图 9-55

第五十五步:绘制嘴巴区域的线,如图 9-55 所示。

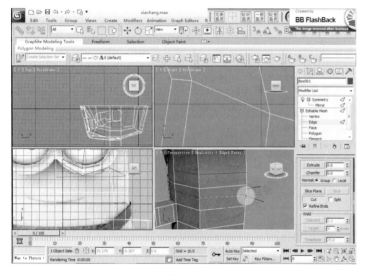

图 9-56

第五十六步:如图 9-56 所示绘制一圈线。

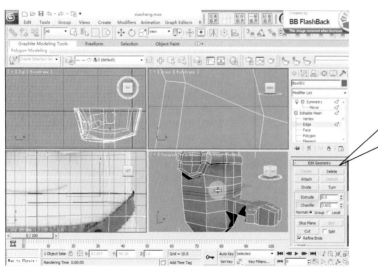

图 9-57

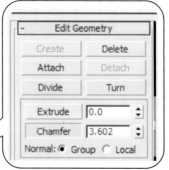

第五十七步:选中切割好的线,用 Chamfer 做一次斜切倒角,如图 9-57 所示。

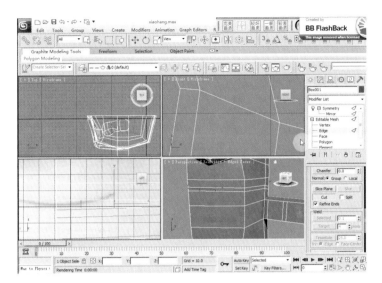

图 9-58

第五十八步:用 Cut(切割)做出嘴巴的区域,如图 9-58 所示。

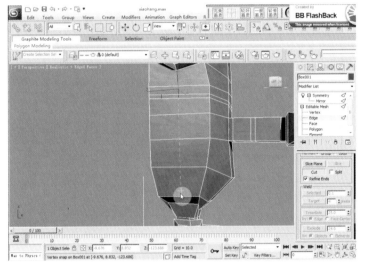

图 9-59

第五十九步:沿着嘴角绘制切割线,将切割线一直延长到模型底部,如图 9-59 所示。

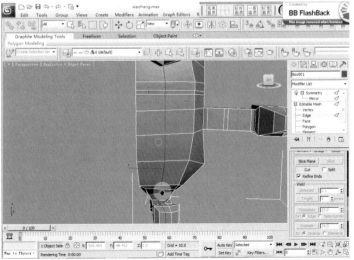

图 9-60

第六十步:如图 9-60 所示作切线。

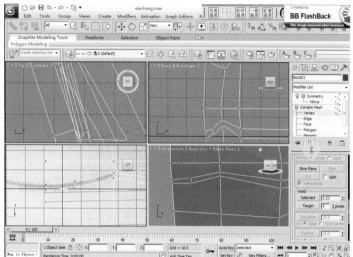

第六十一步：切换为点编辑模式，绘制嘴巴的形状，如图 9-61 所示。

图 9-61

第六十二步：将嘴巴区域选中，做一次微挤出，如图 9-62 所示。

图 9-62

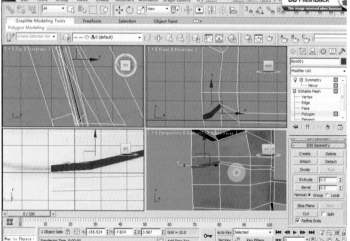

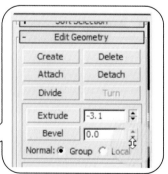

第六十三步：做第二次挤出时，向里做深度挤出，如图 9-63 所示。

图 9-63

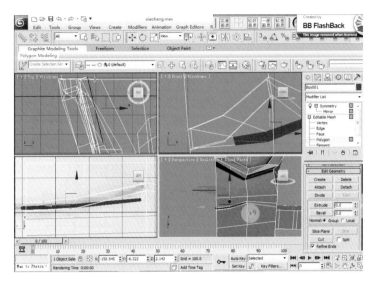

图 9-64

第六十四步:调整嘴巴内部形状,如图 9-64 所示。

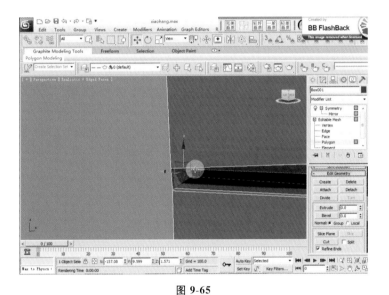

图 9-65

第六十五步:如图 9-65 所示,选中封闭的面,将其删除,否则会影响后面对称的效果。

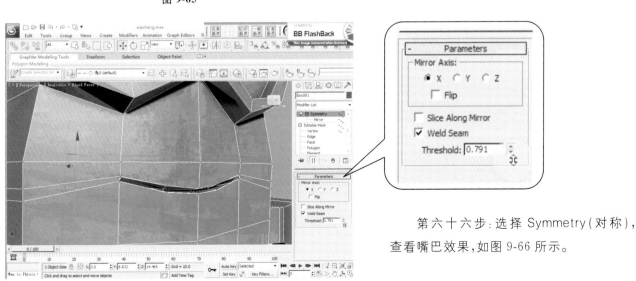

图 9-66

第六十六步:选择 Symmetry (对称),查看嘴巴效果,如图 9-66 所示。

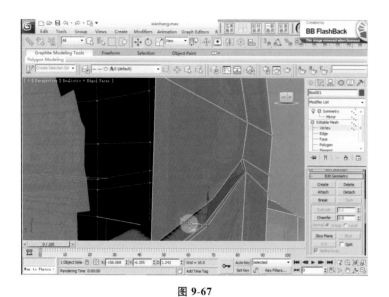

第六十七步：将嘴下方的线往下调整，如图 9-67 所示。

图 **9-67**

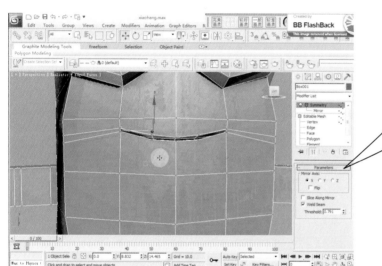

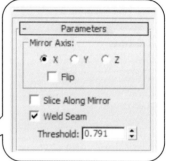

第六十八步：如图 9-68 所示，因为原图的嘴巴构造简单，所以给模型的嘴巴的布线也很简单。

图 **9-68**

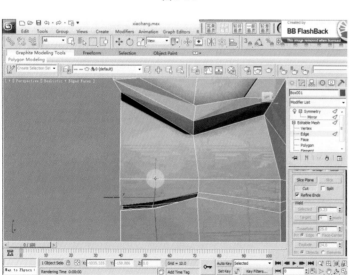

第六十九步：为控制好对模型圆滑处理后的布线，以嘴巴中间点为起点向模型的上下两个方向作切线，一直延至模型背后，如图 9-69 所示。

图 **9-69**

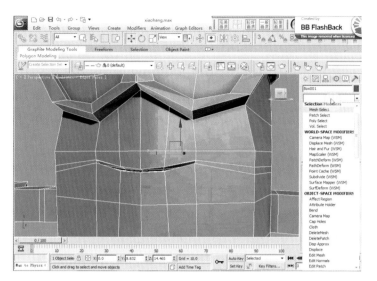

图 9-70

第七十步:整体效果如图 9-70 所示。

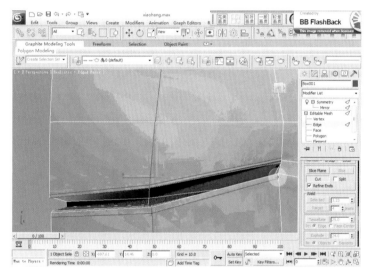

图 9-71

第七十一步:继续为嘴巴边缘加线,目的是让嘴巴在模型进行圆滑处理后保持现有的形状,如图 9-71 所示。

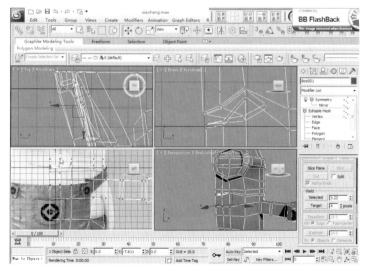

图 9-72

第七十二步:嘴巴调整完成后,再调整背带裤的形状,如图 9-72 所示。

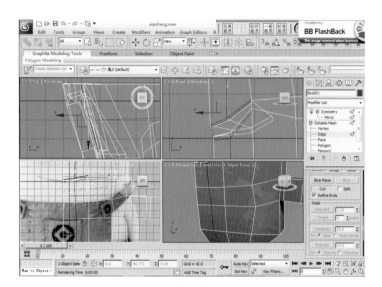

图 9-73

第七十三步:如图 9-73 所示,进入边编辑模式,选择 Cut(切割)。

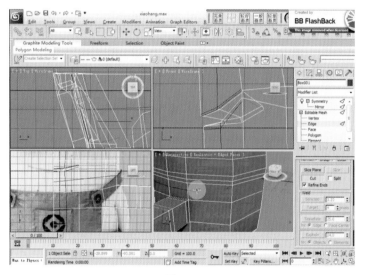

图 9-74

第七十四步:在模型的嘴巴下方为其切割出一圈线,如图 9-74 所示。

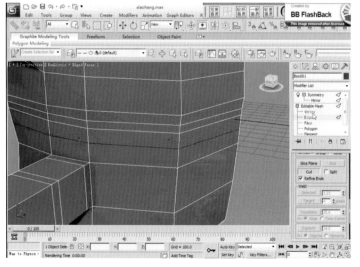

图 9-75

第七十五步:切线一直延至模型背后,如图 9-75 所示。

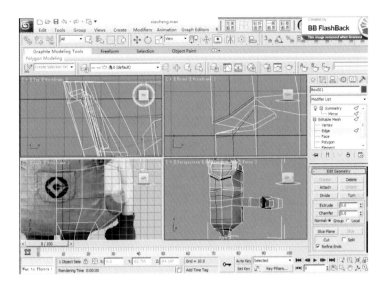

图 9-76

第七十六步：参照参考图片，在模型腰部作一圈切线，切线延至模型背后，如图9-76所示。

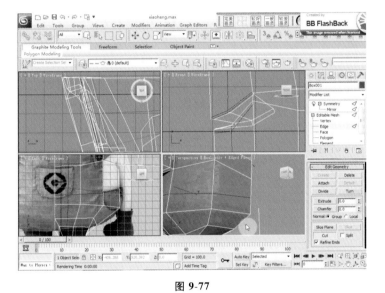

图 9-77

第七十七步：切线最终位置如图 9-77所示，对模型再做细节调整。

图 9-78

第七十八步：选择 MeshSmooth，为图形添加网格平滑，如图9-78所示。

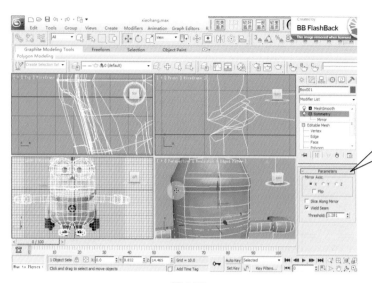

图 9-79

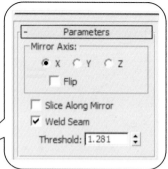

第七十九步:模型进行平滑处理后若有缝隙出现,则证明周边的点没有焊接上,如图 9-79 所示,只需要选择软件界面右下方的 Threshold(阈值,点的焊接情况),数值越大所焊接的范围越大。

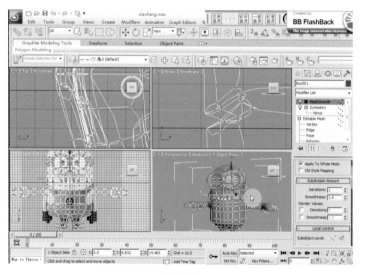

图 9-80

第八十步:查看模型进行圆滑处理后的效果,如果经检查没有什么问题,就要开始为模型分 UV,如图 9-80 所示。

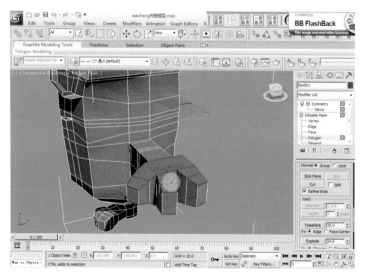

图 9-81

第八十一步:选择对手部分 UV,如图 9-81 所示切换到 Polygon(多边形)编辑模式,选择手背、手心两个面。

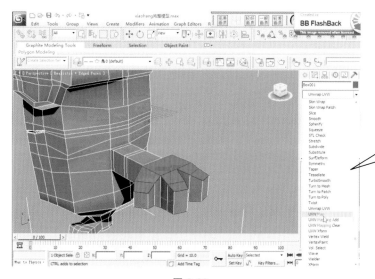

图 9-82

第八十二步:选择好手心、手背两个面后,在如图 9-82 所示的下拉框中选择 UVW Map(UVW 贴图)。

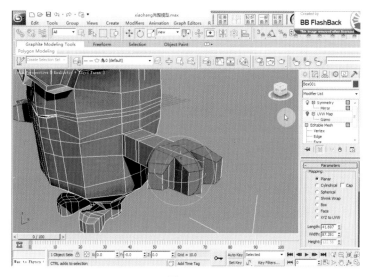

图 9-83

第八十三步:在修改框中,将 Mapping(映射)方式选择为 Planar(平面),将两个 UV 投射在这个平面上,如图 9-83 所示。

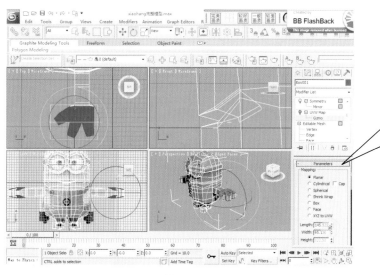

图 9-84

第八十四步:如图 9-84 所示,在编辑下拉框中选择 UVW Map 下的 Gizmo(轴向),保持投射面方向与手心面、手背面水平,然后在修改下拉框中修改投射面的长、宽值(应大于所选择面的长、宽值)。

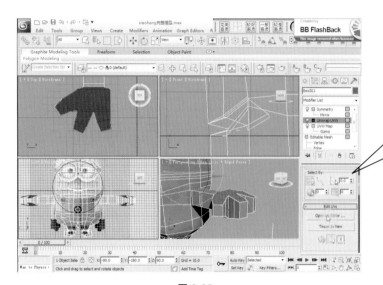

第八十五步：在命令选择下拉框中选择 Unwrap UVW，并单击参数框中的"Open UV Editor"按钮，如图 9-85 所示。

图 9-85

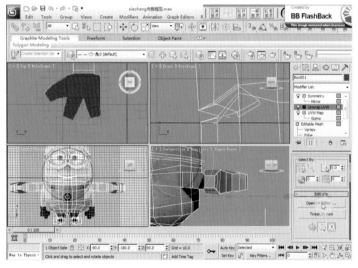

第八十六步：如图 9-86 所示，打开 UV 编辑器。

图 9-86

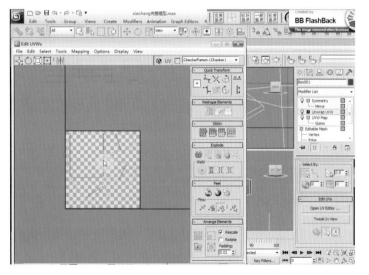

第八十七步：分好的手部 UV 就出现在编辑器中，如图 9-87 所示。

图 9-87

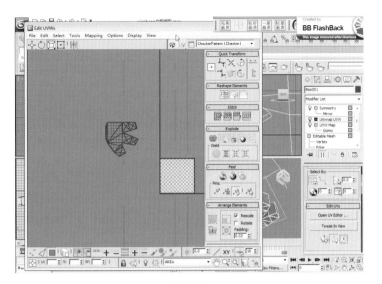

图 9-88

第八十八步:将展开的 UV 移出棋盘格方框,如图 9-88 所示。

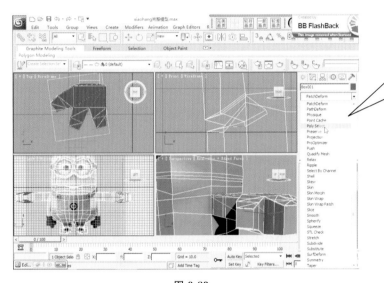

图 9-89

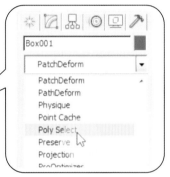

第八十九步:在命令选择下拉框中选择 Poly Select(多边形选择修改器),为模型其他区域展开 UV,如图 9-89 所示。

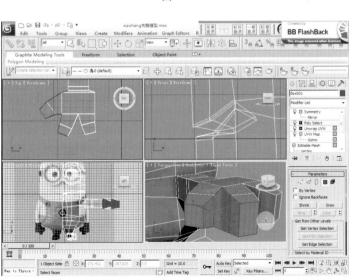

图 9-90

第九十步:选择手部侧面部分,如图 9-90所示。

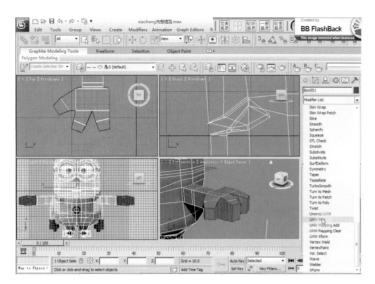

图 9-91

第九十一步：在命令选择下拉框中选择 UVW Map，将 Mapping（映射）方式选择为 Planar（平面），如图 9-91 所示。

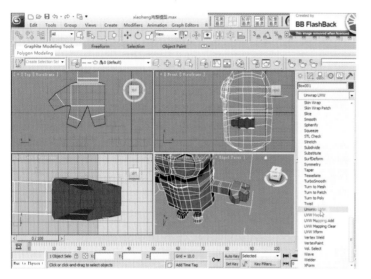

图 9-92

第九十二步：在命令选择下拉框中选择 Unwrap UVW，并单击参数框中的"Open UV Editor"按钮，如图 9-92 所示。

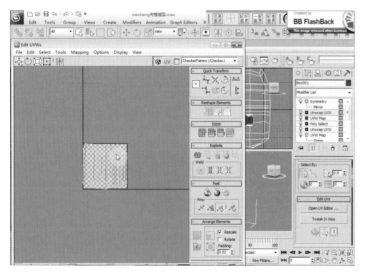

图 9-93

第九十三步：将展开的 UV 移出棋盘格框，如图 9-93 所示。

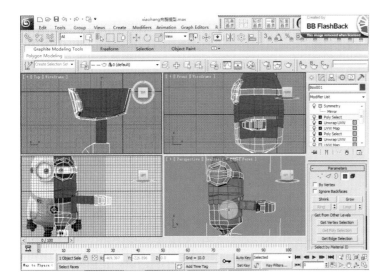

图 9-94

第九十四步：在命令选择下拉框中选择 Poly Select（多边形选择修改器），以参考图片为准选择黄色皮肤部分，展开模型 UV，如图 9-94 所示。

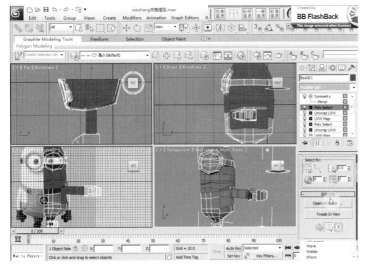

图 9-95

第九十五步：该部分的材质为单一材质，所以可以对 UV 不做细致处理，如图 9-95所示。

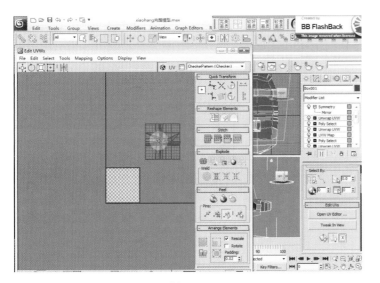

图 9-96

第九十六步：将展开的 UV 移出棋盘格框，如图 9-96 所示。

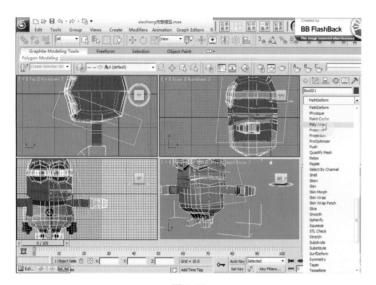

图 9-97

第九十七步：在命令选择下拉框中选择 Poly Select（多边形选择修改器），如图9-97所示。

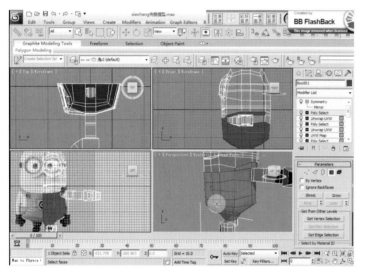

图 9-98

第九十八步：选择牛仔背带裤部分，如图 9-98 所示。

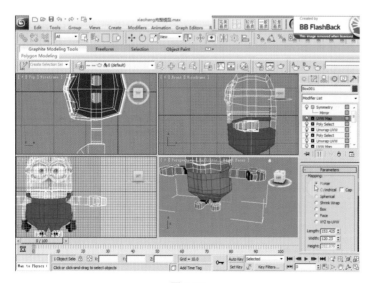

图 9-99

第九十九步：在命令选择下拉框中选择 UVW Map，将 Mapping（映射）方式选择为 Planar（平面），如图 9-99 所示。

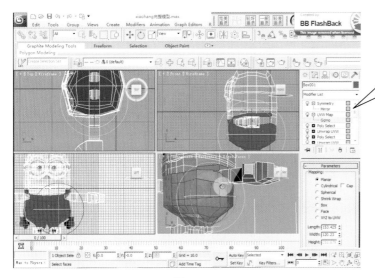

第一百步：如图 9-100 所示，在编辑下拉框中选择 UVW Map 下的 Gizmo（轴向）。

图 9-100

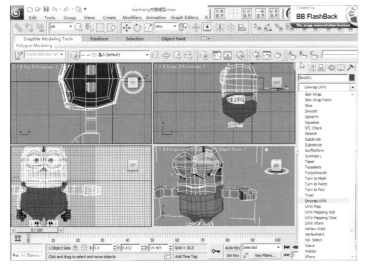

第一百〇一步：将映射平面调整到如图 9-101 所示位置。

图 9-101

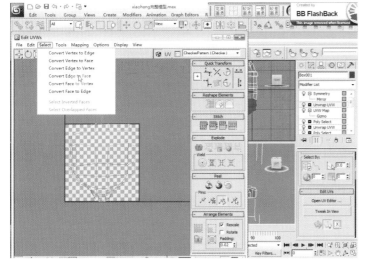

第一百〇二步：在命令选择下拉框中选择 Unwrap UVW，并单击参数框中的"Open UV Editor"按钮。可以在选择框中选择框选 UV 的方式，选中分好的 UV，如图 9-102 所示。

图 9-102

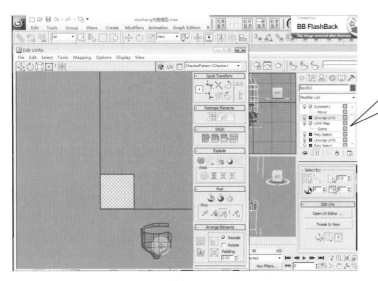

第一百〇三步:将分好的 UV 移出棋盘格框,如图 9-103 所示。

图 9-103

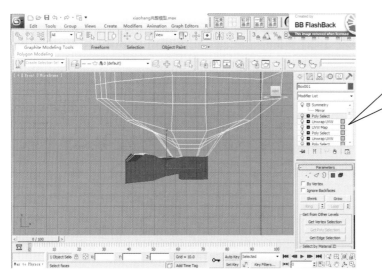

第一百〇四步:在命令选择下拉框中选择 Poly Select(多边形选择修改器),如图 9-104 所示。

图 9-104

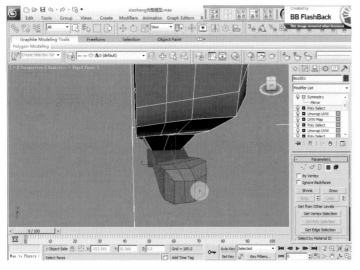

第一百〇五步:选中脚部的面,如图 9-105所示。

图 9-105

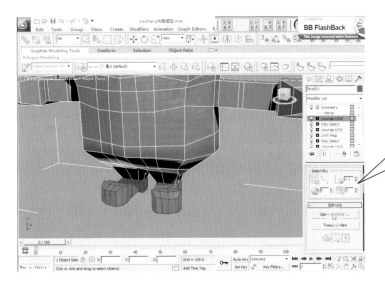

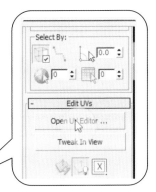

图 9-106

第一百○六步:脚部的材质单一,所以直接在命令选择下拉框中选择 Unwrap UVW,并单击参数框中的" Open UV Editor"按钮,如图 9-106 所示。

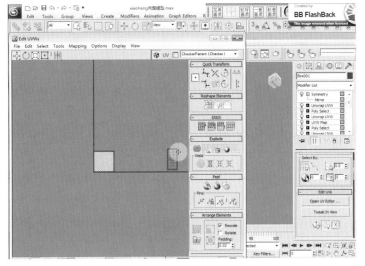

图 9-107

第一百○七步:将分好的 UV 移出棋盘格框,如图 9-107 所示。

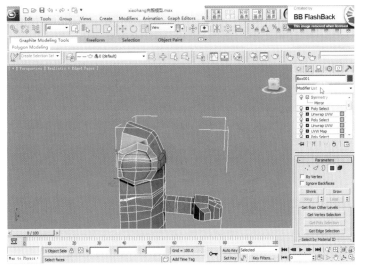

图 9-108

第一百○八步:在命令选择下拉框中选择 Poly Select(多边形选择修改器),选择眼镜带部分,如图 9-108 所示。

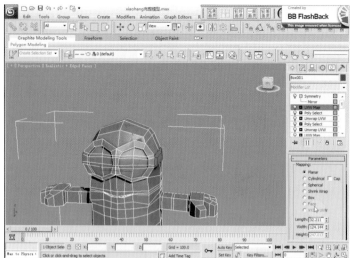

图 9-109

第一百○九步：如图 9-109 所示，确认选择好眼镜带部分。

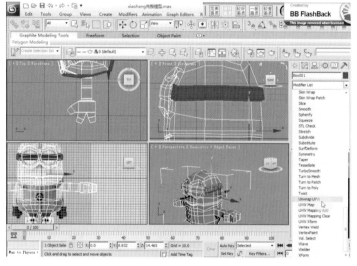

图 9-110

第一百一十步：在命令选择下拉框中选择 UVW Map，将 Mapping（映射）方式选择为 Planar（平面），如图 9-110 所示。

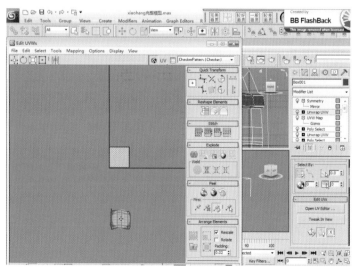

图 9-111

第一百一十一步：在命令选择下拉框中选择 Unwrap UVW，将分好的 UV 移出棋盘格框，如图 9-111 所示。

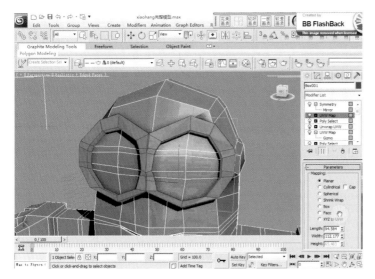

图 9-112

第一百一十二步:在命令选择下拉框中选择 Poly Select(多边形选择修改器),选中眼镜框部分在命令选择下拉框中选择 UVW Map,将 Mapping(映射)方式选择为 Planar(平面),如图 9-112 所示。

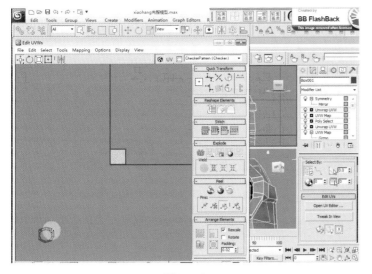

图 9-113

第一百一十三步:在命令选择下拉框中选择 Unwrap UVW,并单击参数框中的"Open UV Editor"按钮,将分好的 UV 移出棋盘格框,如图 9-113 所示。

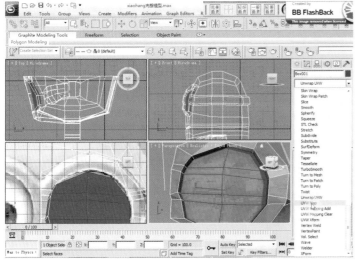

图 9-114

第一百一十四步:用同样的方法分出眼镜镜面部分 UV,如图 9-114 所示。

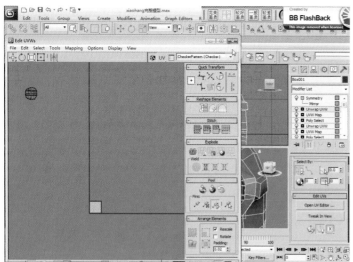

图 9-115

第一百一十五步:将分好的 UV 移除,如图 9-115 所示。

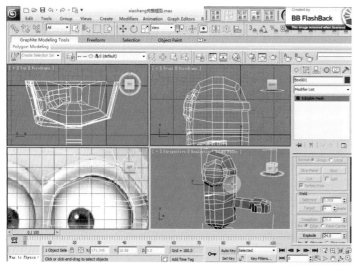

图 9-116

第一百一十六步:将模型所有部分的 UV 分好后,右击,选择 Convert Editable Mesh,将模型变成网格编辑模式,如图 9-116所示。

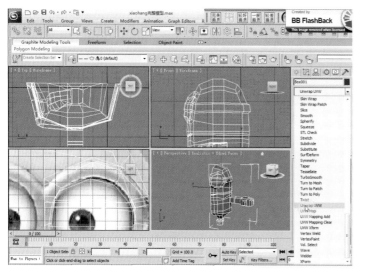

图 9-117

第一百一十七步:在命令选择下拉框中选择 Unwrap UVW,如图 9-117 所示。

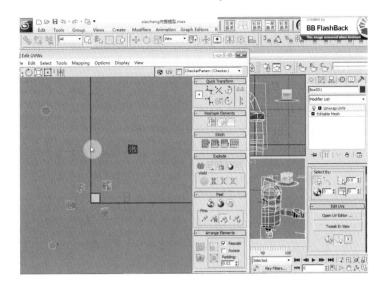

图 9-118

第一百一十八步：单击"Open UV Editor"按钮，模型 UV 出现在编辑器中，如图9-118所示。

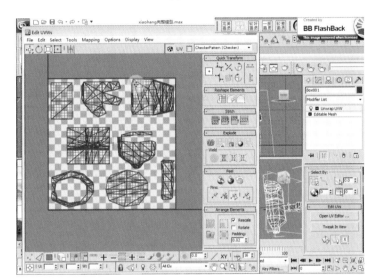

图 9-119

第一百一十九步：将分好的 UV 规整好，放进棋盘格框内，如图 9-119 所示。

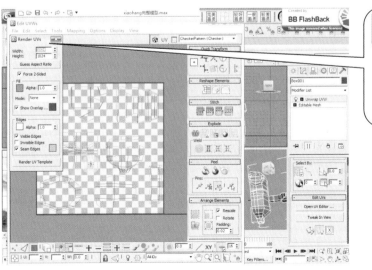

图 9-120

第一百二十步：选择 UV 编辑器上方文字栏中的 Tools 下拉框中的 Render UVs (渲染 UV)，点击面板下方的 Render UV Template (渲染 UV 纹理)，如图 9-120 所示。

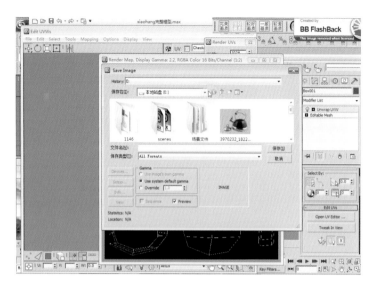

图 9-121

第一百二十一步:将渲染好的 UV 图片以 JPG 的格式保存起来,如图 9-121 所示。

图 9-122

第一百二十二步:图 9-122 所示为保存成功的 UV 图片。

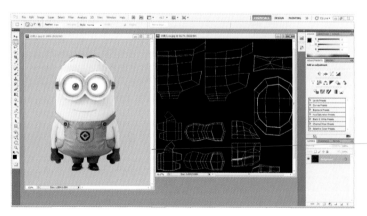

图 9-123

第一百二十三步:打开 PhotoShop,以参考图片作参照为 UV 图片上色,如图 9-123所示。

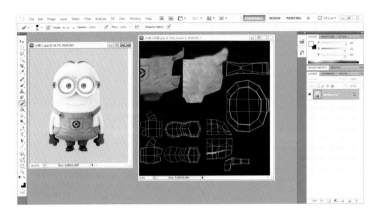

图 9-124

第一百二十四步:用毛笔工具绘制牛仔裤纹理,如图 9-124 所示。

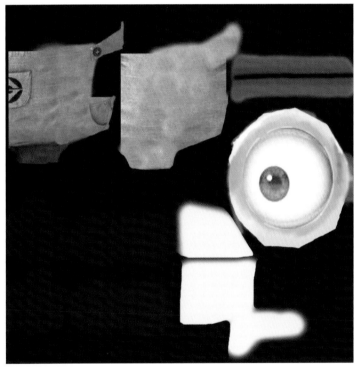

图 9-125

第一百二十五步:用同样的方法绘制出其他纹理,如图 9-125 所示。

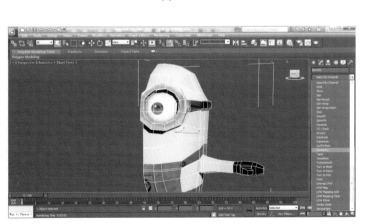

图 9-126

第一百二十六步:打开材质编辑器,任意选择一个材质球,为其贴上画好的 UV 纹理,如图 9-126 所示。

图 9-127

第一百二十七步:对模型进行对称、圆滑处理后渲染出图,如图 9-127 所示。

图 9-128

第一百二十八步:如图 9-128 所示,卡通角色模型制作完毕。

本 章 小 结

本章介绍从角色建模到后期贴图的完整三维制作的过程,内容几乎包括了前八章的知识。对于初学者来说,本章的内容显得过于难,但学习本章内容很有必要,因为在我们后期的高级阶段的学习过程中会接触到很多类似的案例,这也是为今后进入更高阶段的学习做铺垫。掌握这一章的内容足以让我们完成较为复杂的三维作品,对造型艺术感兴趣的朋友可以试着去做一些造型奇特的模型,一定能取得不小的收获,获得成就感。

[1]　火星时代.火星人——3ds Max 2013 大风暴[M].北京:人民邮电出版社,2013.

[2]　王琦.Autodesk Maya 2010 标准培训教材Ⅰ[M].北京:人民邮电出版社,2010.

[3]　白小犇,刘小蓉.3DS MAX 7.0 中文版图解教程摄影动画设计[M].成都:四川出版集团四川美术出版社,2005.

[4]　彭超.三维动画特效[M].北京:京华出版社,2010.

[5]　完美动力.完美动力 Maya 案例教程——影视包装篇[M].北京:中国青年出版社,2010.

[6]　水晶石教育.建筑可视化基础[M].北京:高等教育出版社,2011.

参考
文献